今すぐ使えるかんたん

ぜったいデキます!
ワード&エクセル超入門

Office 2021/
Microsoft 365
両対応

技術評論社

この本の特徴

1 ぜったいデキます！

操作手順を省略しません！

解説を一切省略していないので、
途中でわからなくなることがありません！

あれもこれもと詰め込みません！

操作や知識を盛り込みすぎていないので、
スラスラ学習できます！

なんどもくり返し解説します！

一度やった操作もくり返し説明するので、
忘れてしまってもまた思い出せます！

2 文字が大きい

たとえばこんなに違います

大きな文字で 読みやすい	大きな文字で 読みやすい	大きな文字で 読みやすい
ふつうの本	見やすいといわれている本	この本

3 専門用語は絵で解説

大事な操作は言葉だけではなく絵でも理解できます

左クリックの
アイコン

ドラッグの
アイコン

入力の
アイコン

Enterキーの
アイコン

4 オールカラー

2色よりもやっぱりカラー

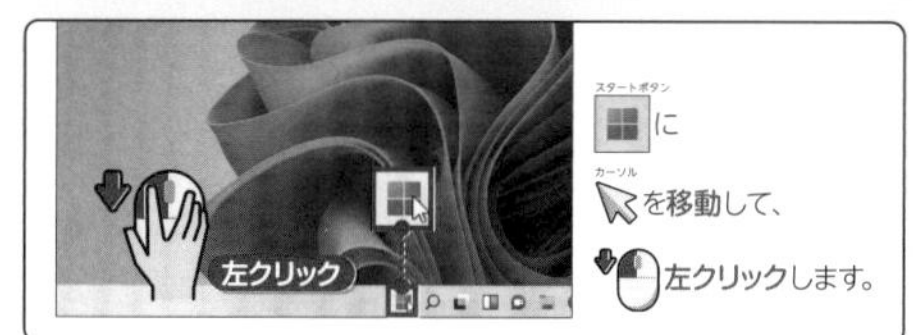

2色

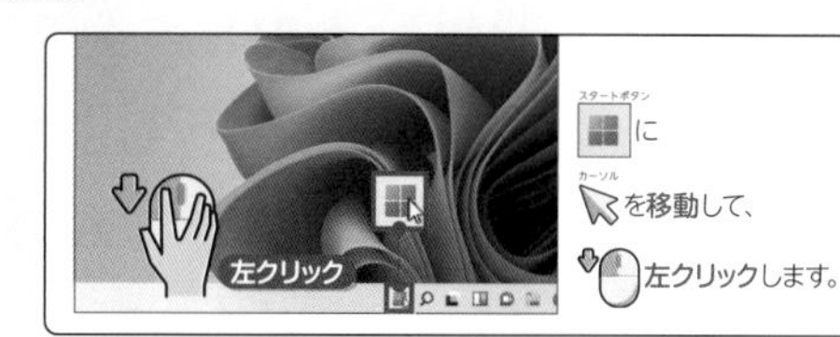

カラー

目次

パソコンの基本操作

1 ワードの基本操作を覚えよう

2 ワードで文書を作ろう

CONTENTS

目次

7 エクセルで表を見やすく整えよう

8 エクセルの表に罫線を引こう

目次

11 ワードやエクセルの便利な機能を知ろう

[免責]

本書に記載された内容は、情報の提供のみを目的としています。したがって、本書を用いた運用は、必ずお客様自身の責任と判断によって行ってください。これらの情報の運用の結果について、技術評論社および著者はいかなる責任も負いません。
本書記載の情報は、2022年12月現在のものを掲載していますので、ご利用時には、変更されている場合もあります。
ソフトウェアはバージョンアップされる場合があり、本書での説明とは機能内容や画面図などが異なってしまうこともあり得ます。ソフトウェアのバージョンが異なることを理由とする、本書の返本、交換および返金には応じられませんので、あらかじめご了承ください。
以上の注意事項をご承諾いただいた上で、本書をご利用願います。これらの注意事項に関わる理由に基づく、返金、返本を含む、あらゆる対処を、技術評論社および著者は行いません。あらかじめ、ご承知おきください。

[動作環境]

本書はWord 2021/Excel 2021/Microsoft 365（OSはWindows 11）を対象としています。
お使いのパソコンの特有の環境によっては、Word 2021/Excel 2021/Microsoft 365（OSはWindows 11）を利用していた場合でも、本書の操作が行えない可能性があります。本書の動作は、一般的なパソコンの動作環境において、正しく動作することを確認しております。
動作環境に関する上記の内容を理由とした返本、交換、返金には応じられませんので、あらかじめご注意ください。

01 » マウスの使い方を知ろう

パソコンを操作するには、マウスを使います。
マウスの正しい持ち方や、クリックやドラッグなどの使い方を知りましょう。

 マウスの各部の名称

最初に、**マウス**の各部の名称を確認しておきましょう。**初心者にはマウスが便利**なので、パソコンについていなかったら購入しましょう。

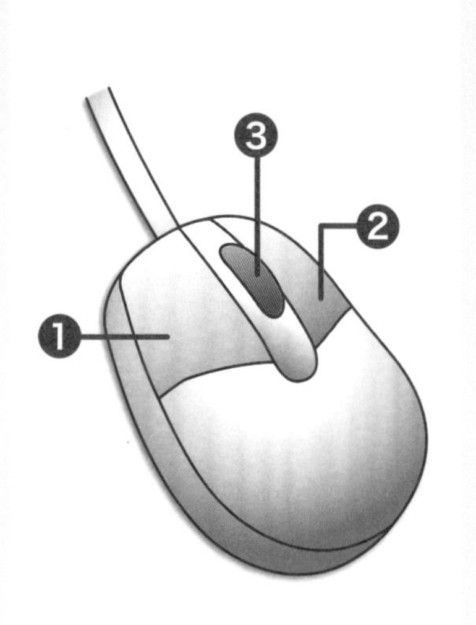

❶ 左ボタン

左ボタンを1回押すことを**左クリック**といいます。画面にあるものを選択したり、操作を決定したりするときなどに使います。

❷ 右ボタン

右ボタンを1回押すことを**右クリック**といいます。操作のメニューを表示するときに使います。

❸ ホイール

真ん中のボタンを回すと、画面が上下左右に**スクロール**します。

マウスの持ち方

マウスには、操作のしやすい持ち方があります。
ここでは、マウスの**正しい持ち方**を覚えましょう。

❶ 手首を机につけて、マウスの上に軽く手を乗せます。

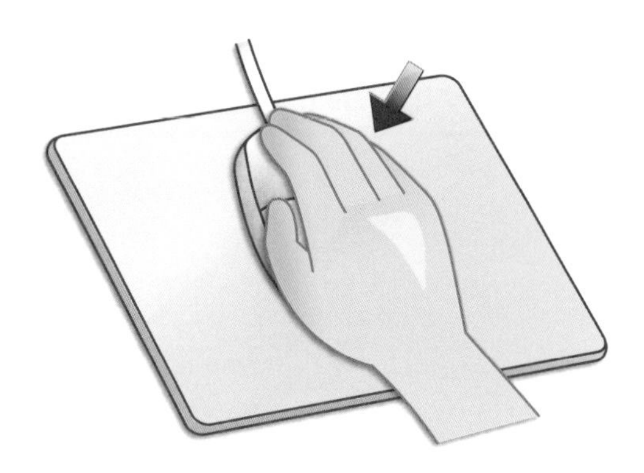

❷ マウスの両脇を、**親指**と**薬指**で軽くはさみます。

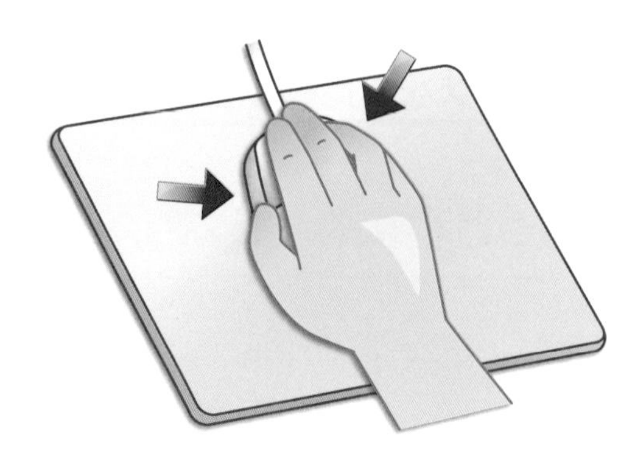

❸ **人差し指**を左ボタンの上に、**中指**を右ボタンの上に軽く乗せます。

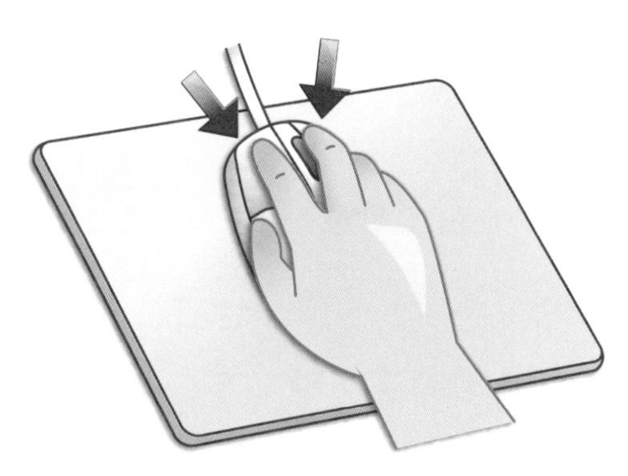

❹ 机の上で前後左右にマウスをすべらせます。このとき、**手首をつけたまま**にしておくと、腕が楽です。

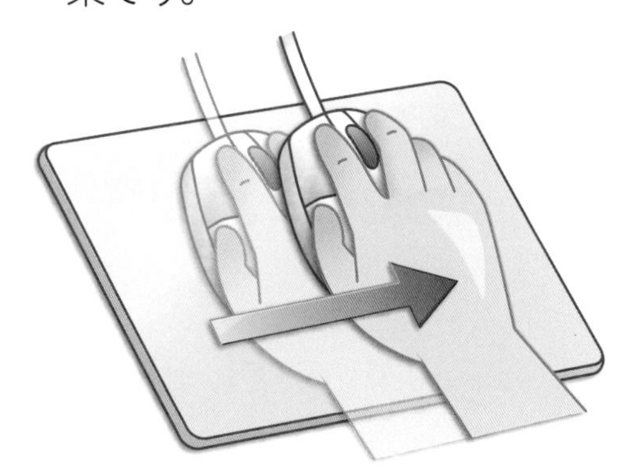

カーソルを移動しよう

マウスを動かすと、それに合わせて画面内の矢印が動きます。
この矢印のことを、**カーソル**といいます。

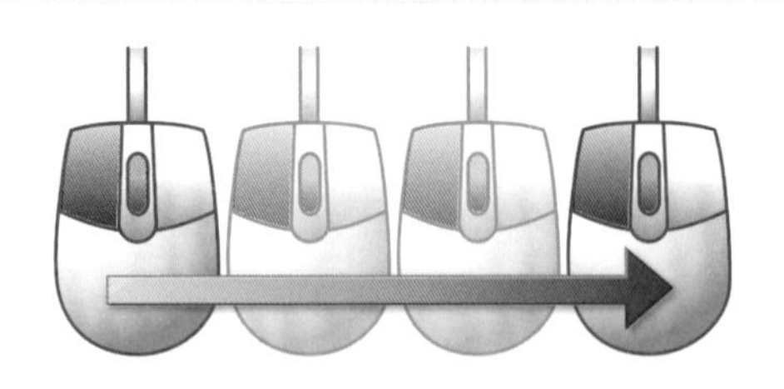

マウスを右に動かすと…

カーソルも右に移動します

● もっと右に移動したいときは?

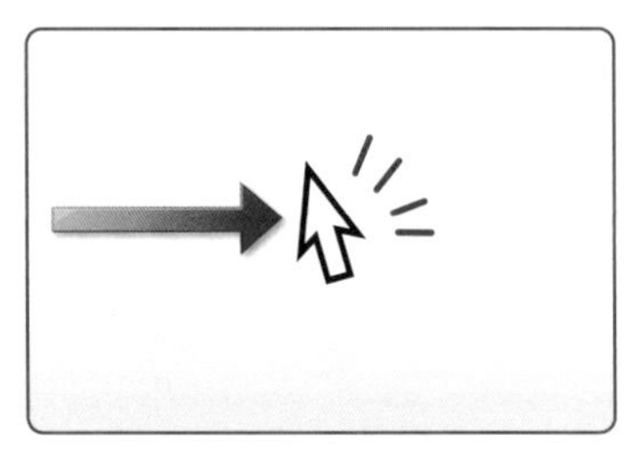

もっと右に動かしたいのに、
マウスが机の端に来てしまったときは…

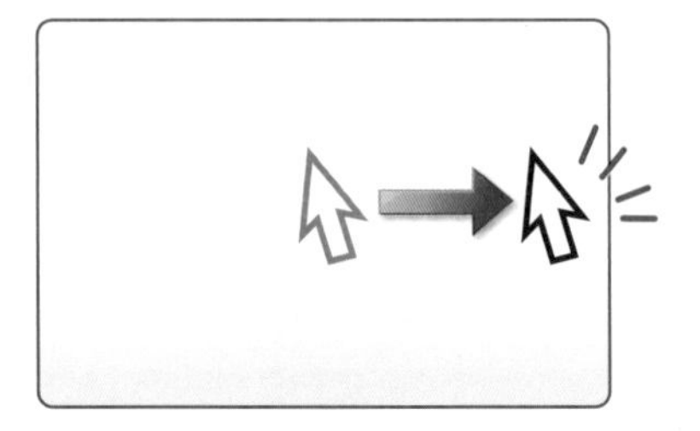

マウスを机から**浮かせて**、左側に持っていきます❶。そこからまた右に移動します❷。

マウスをクリックしよう

マウスの左ボタンを1回押すことを**左クリック**といいます。
右ボタンを1回押すことを**右クリック**といいます。

❶ クリックする前

11ページの方法でマウスを
持ちます。

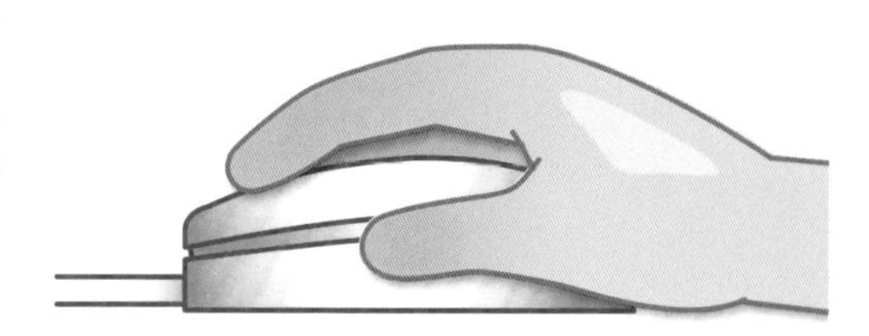

❷ クリックしたとき

人差し指で、左ボタンを軽く押します。カチッと音がします。

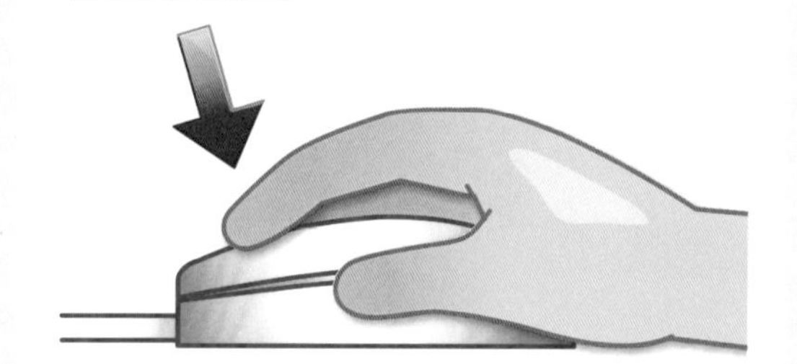

❸ クリックしたあと

すぐに指の力を抜きます。左ボタンが元の状態に戻ります。

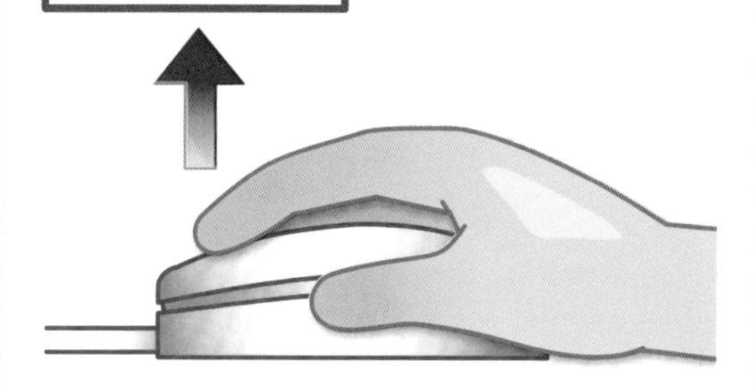

マウスを操作するときは、ボタンの上に軽く指を乗せておきます。ボタンをクリックするときも、ボタンから指を離さずに操作しましょう！

マウスをダブルクリックしよう

左ボタンを2回続けて押すことを、**ダブルクリック**といいます。
カチカチとテンポよく押します。

左クリック（1回目）

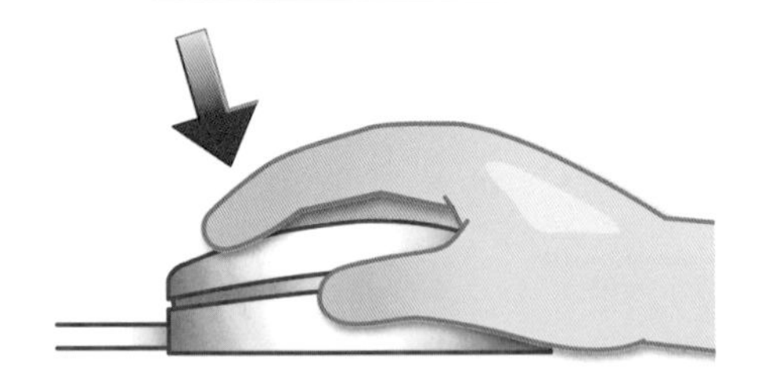

左クリック（2回目）

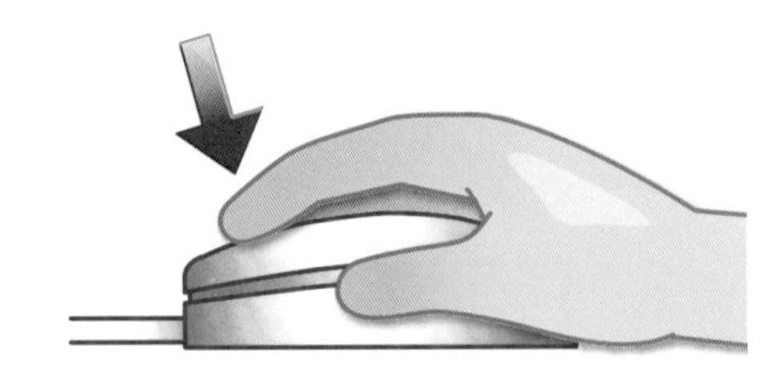

練習 デスクトップの**ごみ箱**のアイコンを使って、
ダブルクリックの練習をしましょう。

❶ 画面左上にあるごみ箱の上に
（カーソル）を移動します。

❷ 左ボタンをカチカチと2回押します（ダブルクリック）。

ダブルクリック

❸ ダブルクリックがうまくいくと
ごみ箱が開きます。

❹ ×（閉じる）に （カーソル）を移動して左クリックします。
ごみ箱が閉じます。

マウスをドラッグしよう

マウスの左ボタンを押しながらマウスを動かすことを、
ドラッグといいます。

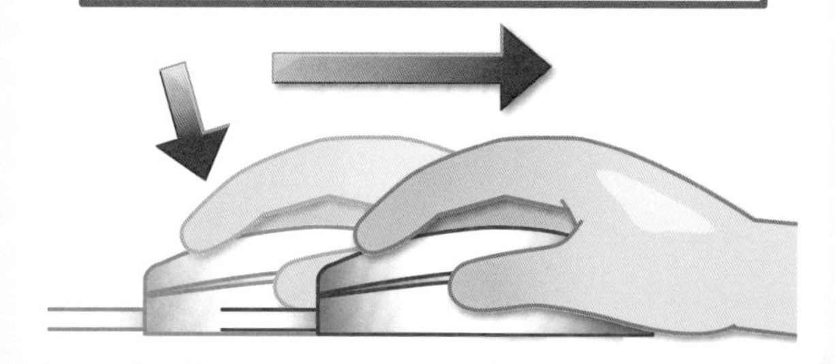

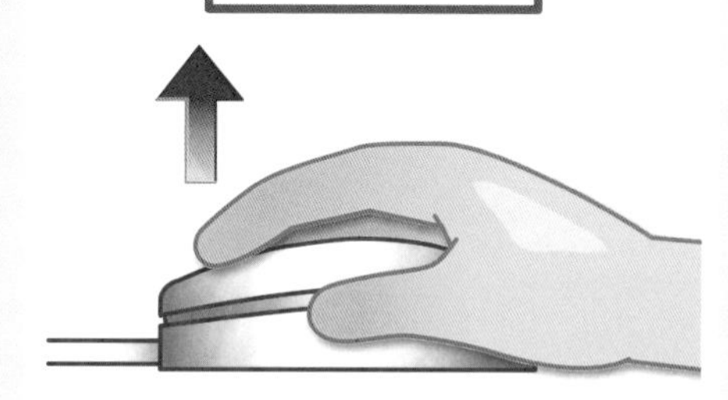

練習 デスクトップの**ごみ箱**のアイコンを使って、
ドラッグの練習をしましょう。

❶ ごみ箱の上に（カーソル）を移動します。左ボタンを押したまま、マウスを右下方向に移動します。指の力を抜きます。

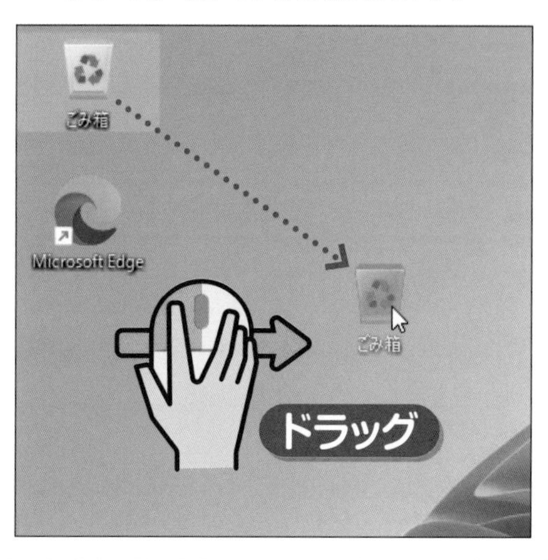

❷ ドラッグがうまくいくと、ごみ箱の場所が移動します。
同様の方法で、ごみ箱を元の場所に戻しましょう。

02 » キーボードを知ろう

パソコンで文字を入力するには、キーボードを使います。
最初に、キーボードにどのようなキーがあるのかを確認しましょう。

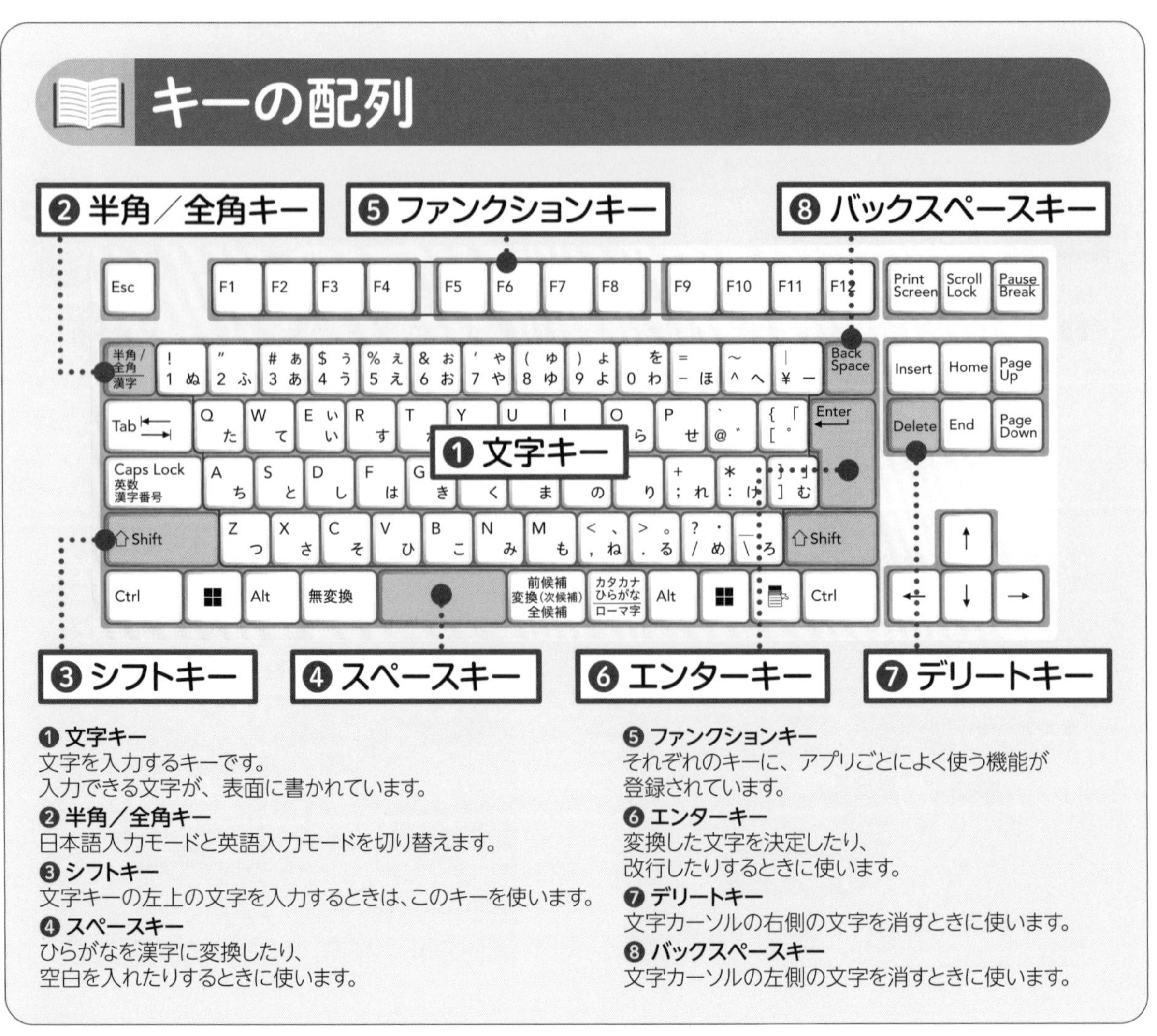

❶ 文字キー
文字を入力するキーです。
入力できる文字が、表面に書かれています。

❷ 半角／全角キー
日本語入力モードと英語入力モードを切り替えます。

❸ シフトキー
文字キーの左上の文字を入力するときは、このキーを使います。

❹ スペースキー
ひらがなを漢字に変換したり、
空白を入れたりするときに使います。

❺ ファンクションキー
それぞれのキーに、アプリごとによく使う機能が
登録されています。

❻ エンターキー
変換した文字を決定したり、
改行したりするときに使います。

❼ デリートキー
文字カーソルの右側の文字を消すときに使います。

❽ バックスペースキー
文字カーソルの左側の文字を消すときに使います。

第1章

1 ワードの基本操作を覚えよう

この章で学ぶこと

- ワードを起動できますか?
- ワード画面の各部の名称がわかりますか?
- ファイルを保存できますか?
- ワードを正しく終了できますか?
- 保存したファイルを開けますか?

01 » ワードを起動しよう

アプリを使えるように準備することを起動といいます。
Windows 11でワードを起動してみましょう。

操作

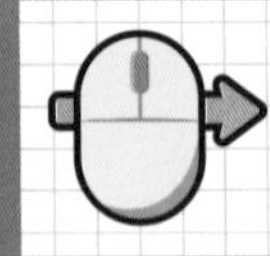

移動 ▶P.012

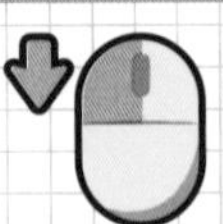

左クリック ▶P.013

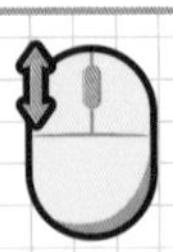

回転 ▶P.010

1 「スタート」ボタンを左クリックします

画面下の

スタートボタン

を

左クリックします。

スタートメニューが表示されます。

すべてのアプリ > を

2 アプリの一覧が表示されます

マウスのホイールを

回転します。

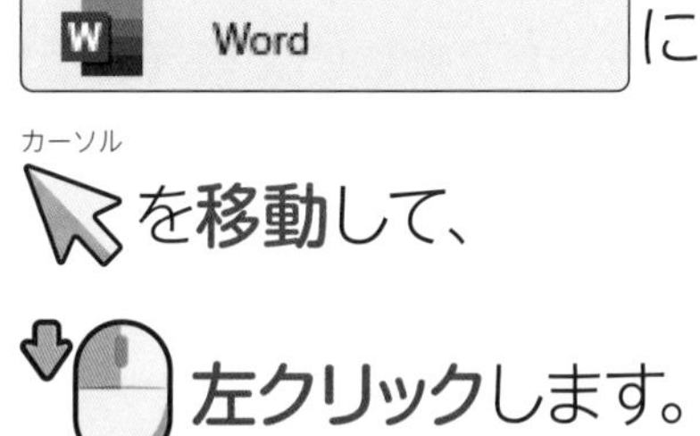

に

カーソル
を移動して、

左クリックします。

3 ワードが起動します

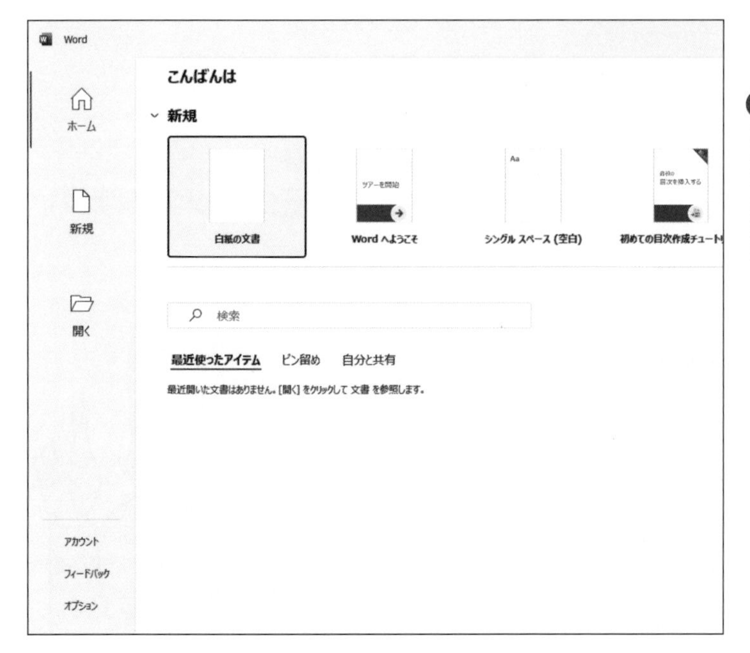

ワードが起動します。

ポイント

「ライセンス契約に同意します」と表示されたら、「同意する」を左クリックします。

02 » 新しい文書を開こう

ワードで新しい文書を作るには、白紙の文書を選択します。
最初は、A4サイズの縦置きの白紙の用紙が表示されます。

操作

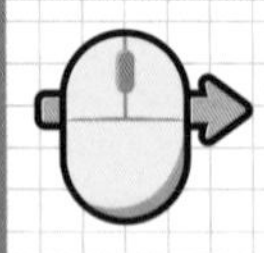

▶P.012

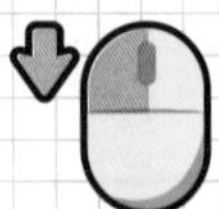

▶P.013

1 新しい文書を表示します

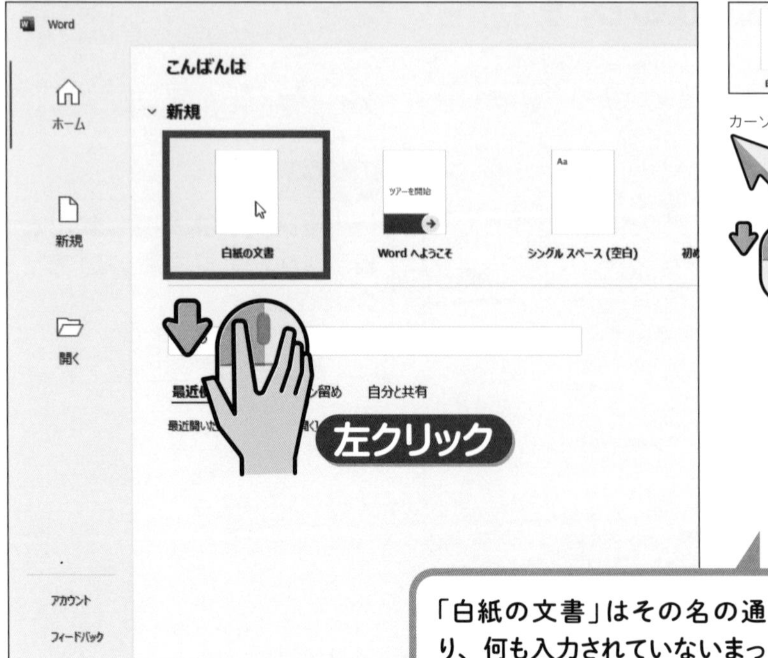

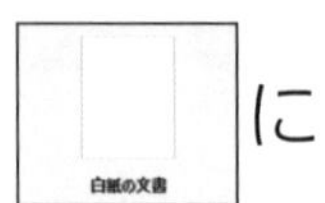

に

カーソル
を移動して、

左クリックします。

「白紙の文書」はその名の通り、何も入力されていないまっさらなファイルです！

2 新しい文書が表示されました

新しい文書が
表示されます。

最大化
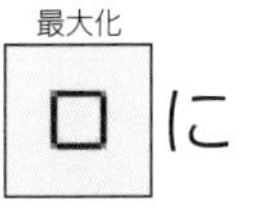に

カーソル
を移動して、

左クリックします。

3 ワードの画面が大きくなりました

ワードが画面いっぱいに大きくなりました。
これでワードを使う準備ができました。

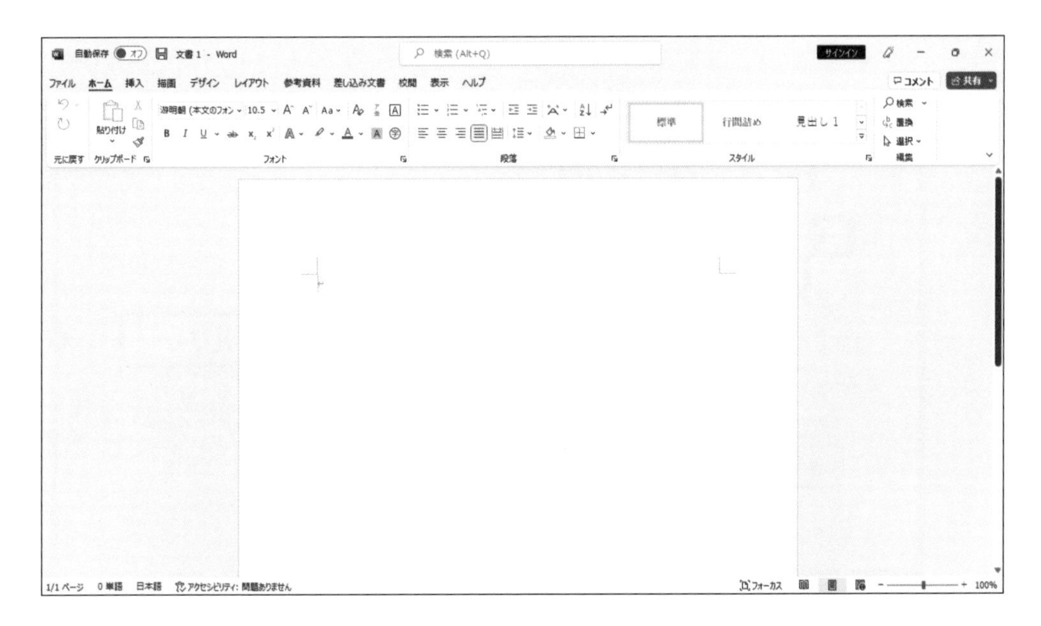

03 » ワードの画面を確認しよう

ここでは、ワードの画面を構成している各部の名前と役割を確認しましょう。
ここでの名称は、これ以降の解説にもでてきますので、覚えておいてください。

ワードの画面

ワードの画面は、次のようになっています。

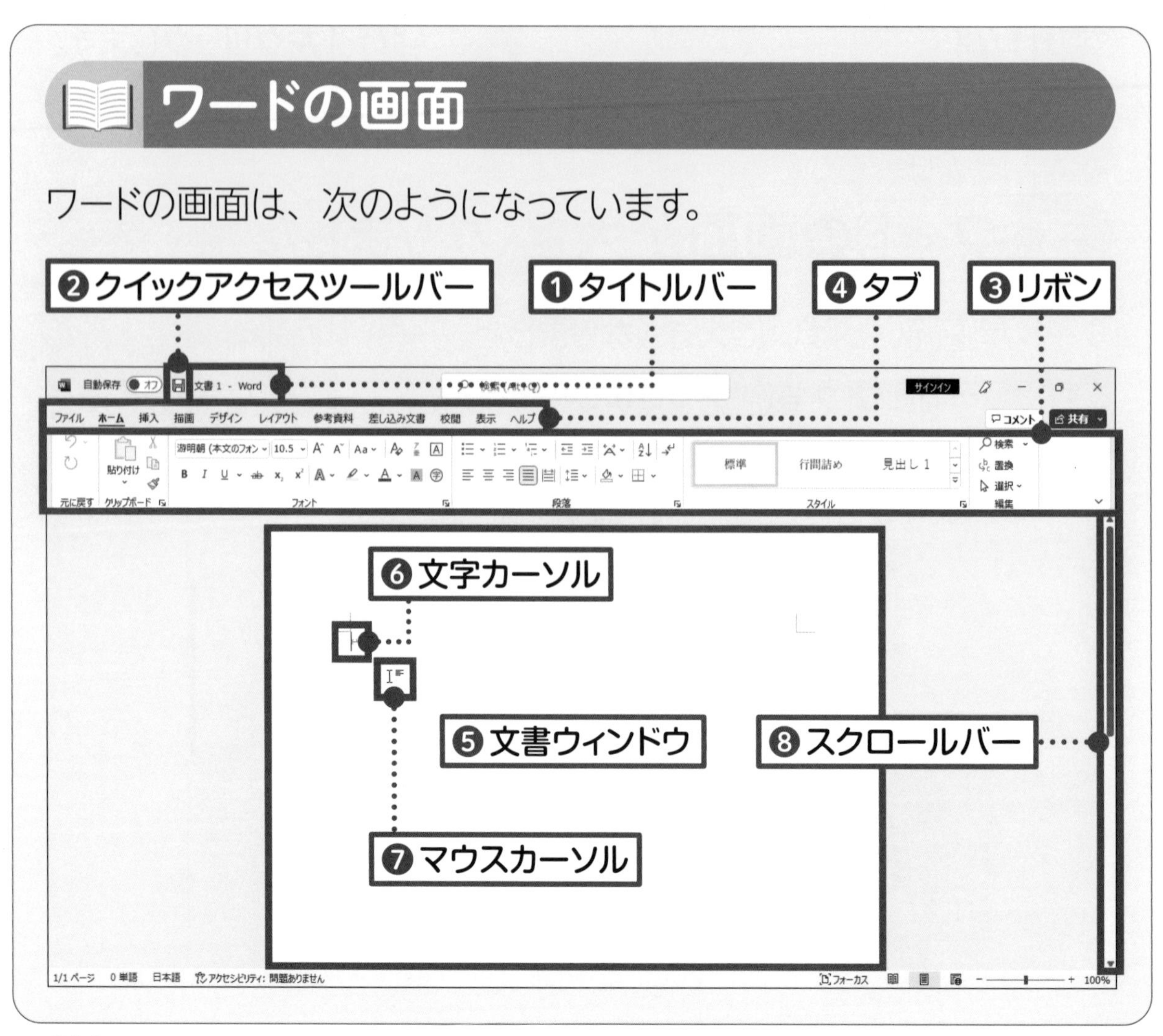

 各部の役割

❶ タイトルバー

現在開いているファイルの名前
（ここでは「文書 1」）が表示されます。

❷ クイックアクセスツールバー

よく使うボタンが表示されています。
よく使うボタンを登録して、追加する
こともできます。
最初は1つだけ表示されます。

❸ リボン／❹ タブ

よく使う機能が、分類ごとにまとめら
れて並んでいます。タブを左クリックす
ると、リボンの内容が切り替わります。

タブ

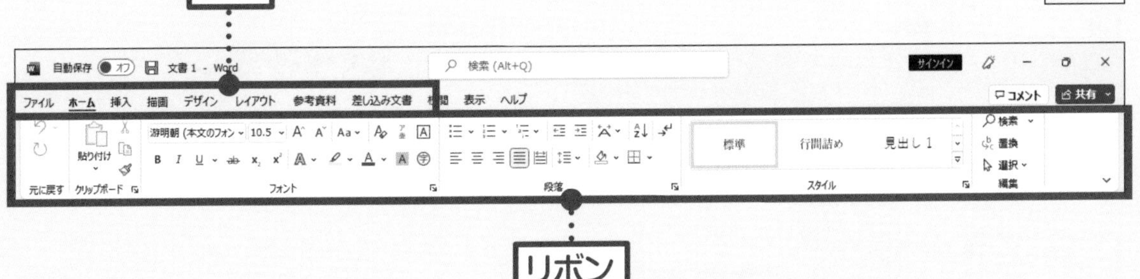

❺ 文書ウィンドウ

文書を作成する領域です。

❻ 文字カーソル

文字が入力される場所を
表しています。

❼ マウスカーソル

マウスと連動して動くカーソルです。
場所によって、形が変化します。

❽ スクロールバー

文書を上下にスクロールする
バーです。マウスカーソルを
動かすと表示されます。

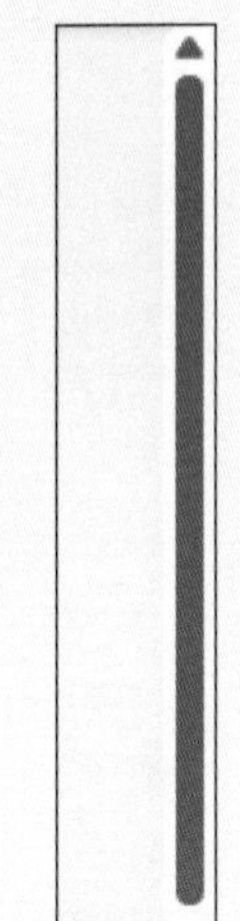

04 » ワードのファイルを保存しよう

何度でも利用できるように、文書に名前をつけて保存しましょう。
文書はファイルとして保存されます。

1 文書を保存する準備をします

を

左クリックします。

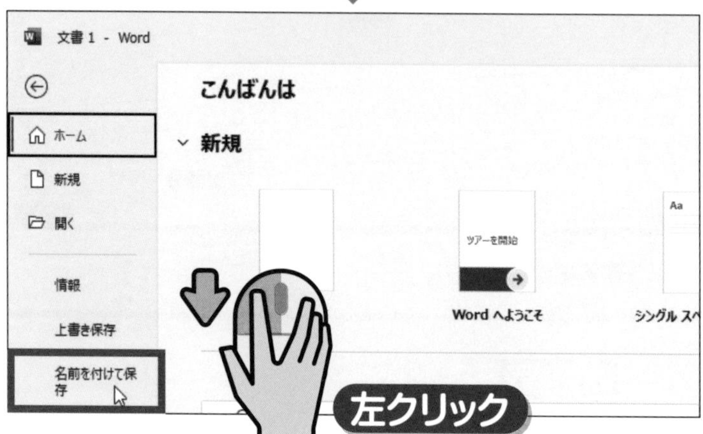

名前を付けて保存 に

カーソルを移動して、

左クリックします。

2 保存先を選ぶ画面を表示します

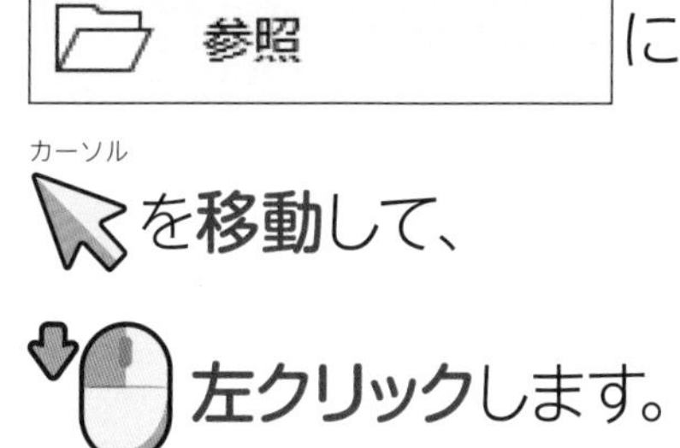

カーソルを移動して、

左クリックします。

3 ファイルの保存先を選びます

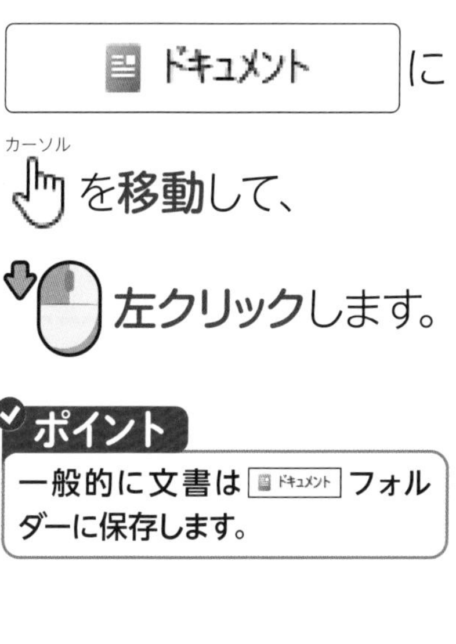

ポイント

一般的に文書は ドキュメント フォルダーに保存します。

次へ

4 ファイル名を入力します

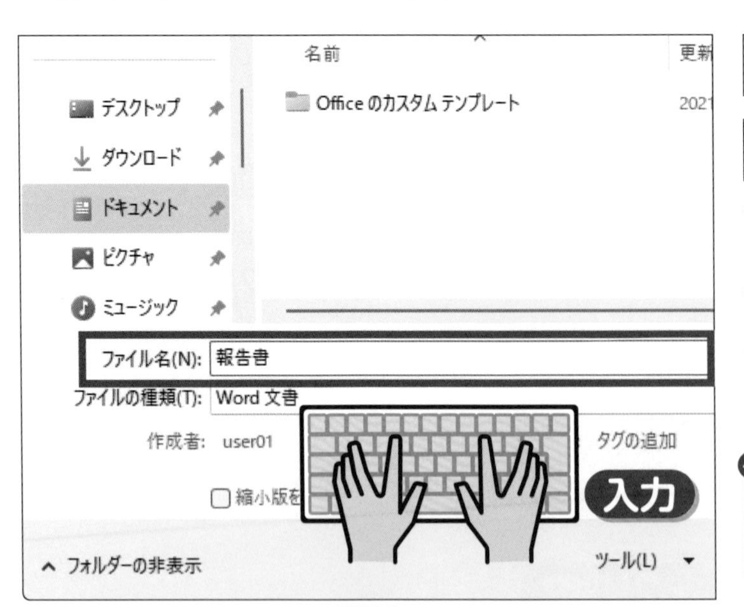

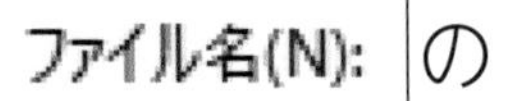の

に、

ファイルにつけたい名前を

入力します。

ポイント

ここでは「報告書」という名前を入力します。

保存(S) を

左クリックします。

自動保存 オフ 報告書 • この PC に保存済み

ファイル ホーム 挿入 描画 デザイン レイアウト 参考資料 差し込

元に戻す クリップボード フォント 貼り付け

タイトルバーに
ファイル名が表示された

ファイルが保存されます。

ポイント

「上書きしますか?」と聞かれた場合は、「いいえ」を左クリックして、「報告書」以外の名前で保存しましょう。

コラム

2回目以降は上書き保存される

ファイルを保存すると、次回からは 上書き保存 を**左クリック**するだけで、修正した内容を保存することができます(上書き保存)。
この場合、ファイル名を入力する保存画面は表示されません。

上書き保存の詳しい操作は、62ページを参照してください。

●はじめて保存する場合　新規保存

ファイル を**左クリック**して、 名前を付けて保存 を**左クリック**します。

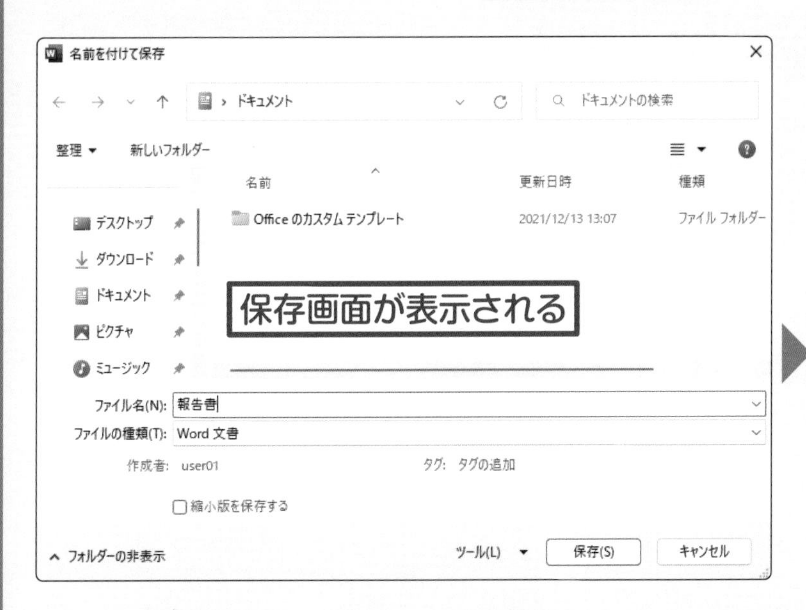

新しいファイルが保存される

●2回目以降に保存する場合　上書き保存

保存画面は表示されない

最新の内容に更新されて保存される

05 » ワードを終了しよう

文書を保存してワードを使い終わったら、ワードを終了します。
正しい操作でワードを終了しましょう。

操作

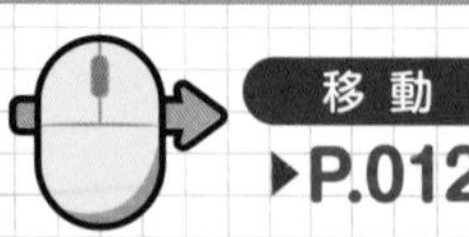

1 ワードを終了します

画面右上の

閉じる

に

カーソル

2 メッセージが表示されたら

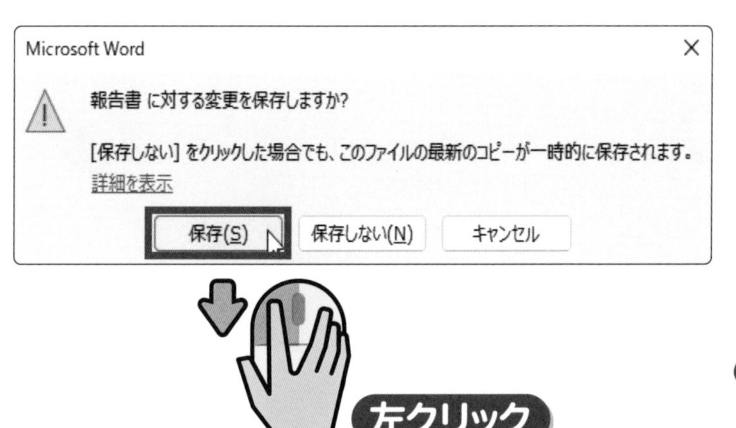

左の画面が
表示されたら、
保存(S) を

ポイント

左の画面が表示されないときは、
そのまま次の手順に進みます。

3 ワードが終了しました

ワードのウィンドウが閉じて、デスクトップが表示されます。

06 » 保存したファイルを開こう

24ページで保存した「報告書」のファイルを開きます。
ここでは、ワードを起動した直後の画面でファイルを開きます。

操作

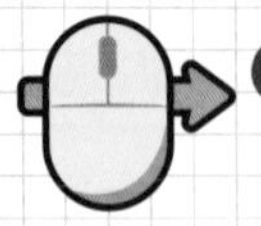

▶P.012

1 ファイルを開く準備をします

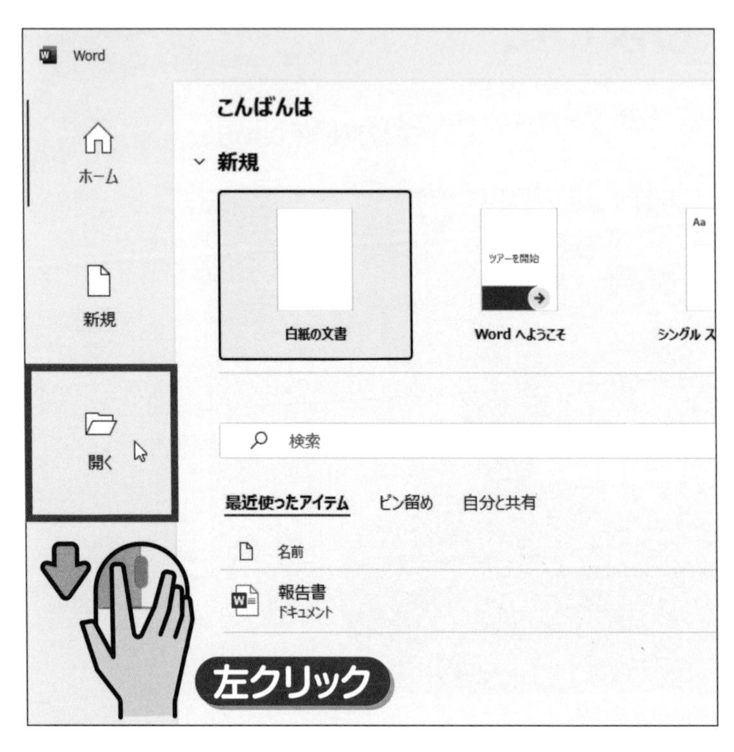

18ページの方法で、ワードを起動します。

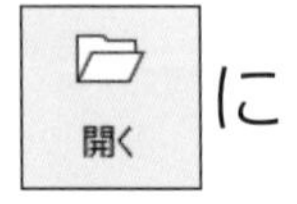

に

左クリックします。

2 保存先を選ぶ画面を表示します

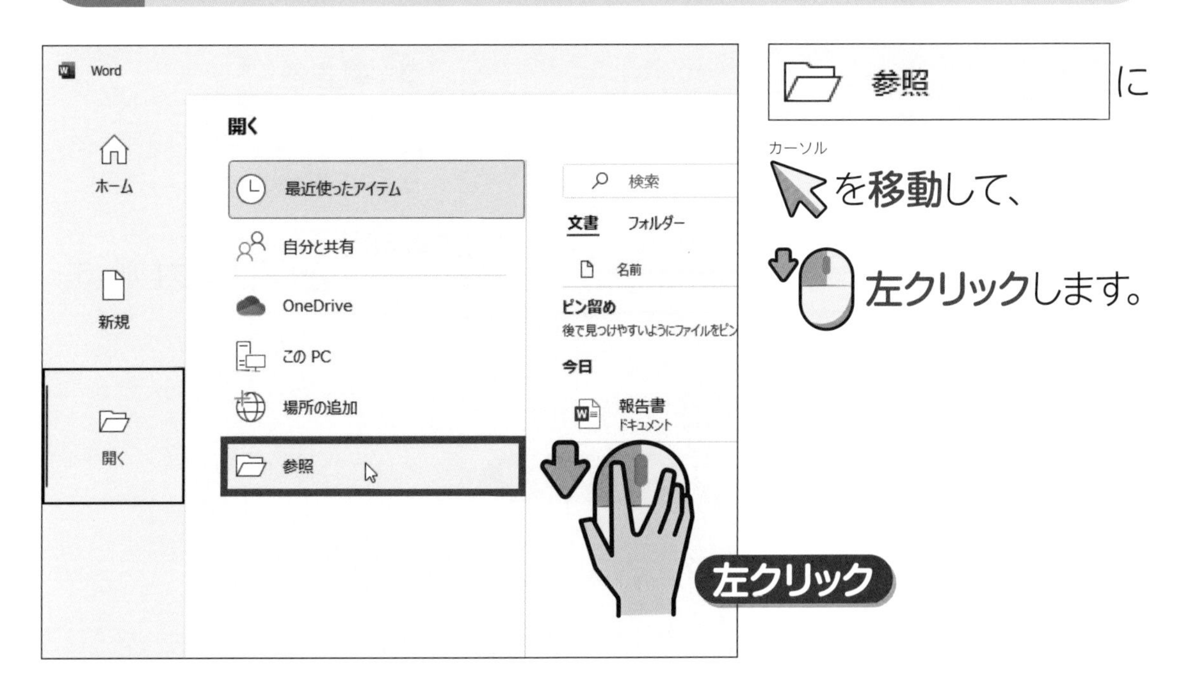

3 ファイルの保存先を選びます

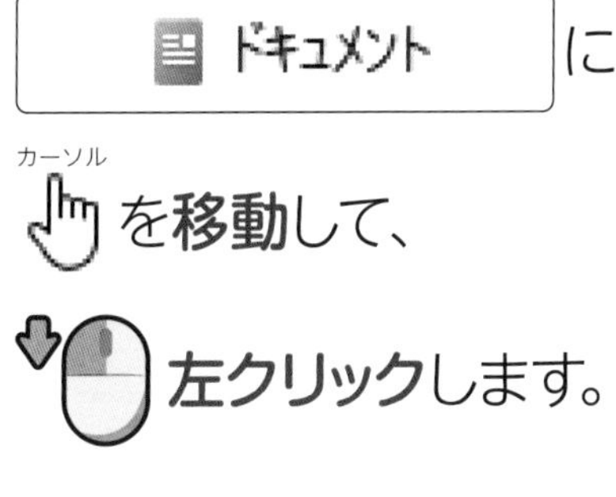

4 ファイルを開きます

に

カーソルを移動して、

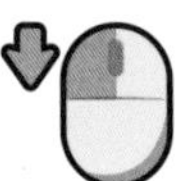
左クリックします。

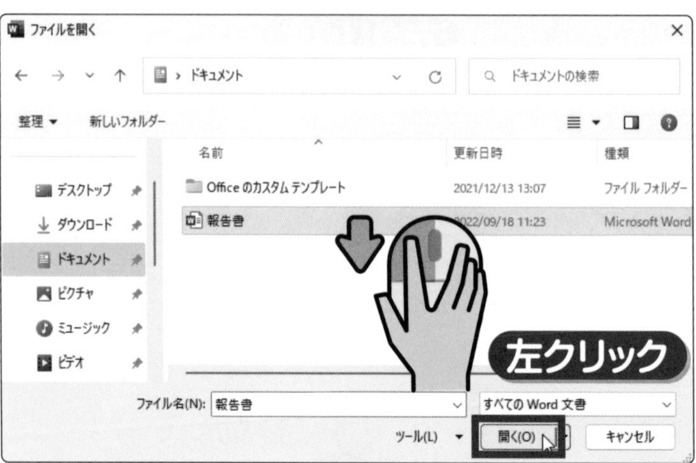

開く(O) に

カーソルを移動して、

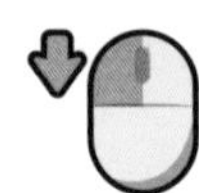
左クリックします。

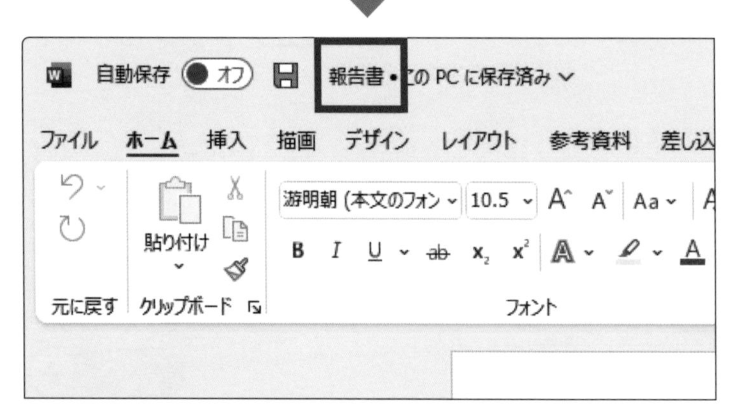

「報告書」の
ファイルが開きました。

28ページの方法で、
ワードを終了します。

コラム

最近使ったファイルはかんたんに開ける

過去に使ったファイルは、一覧から選ぶだけでかんたんに開けます。

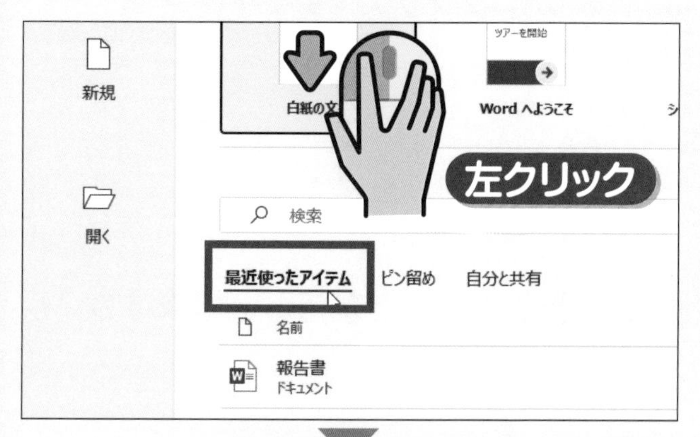

30ページの手順❶の画面で、

を

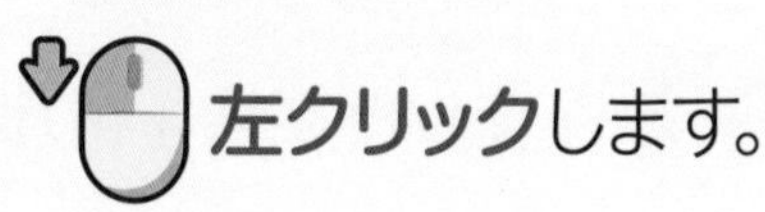

左クリックします。

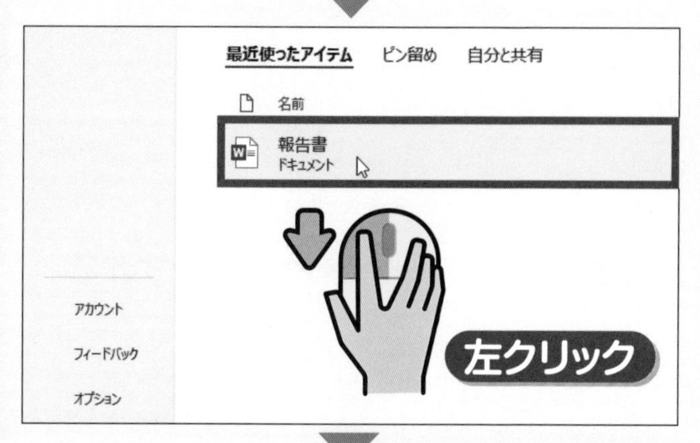

に

カーソルを移動して、

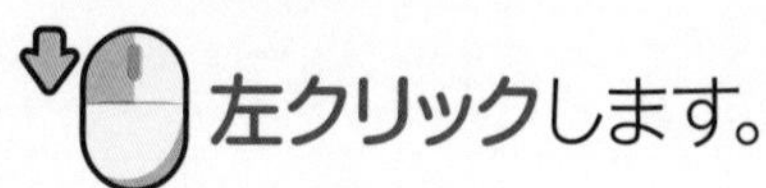

左クリックします。

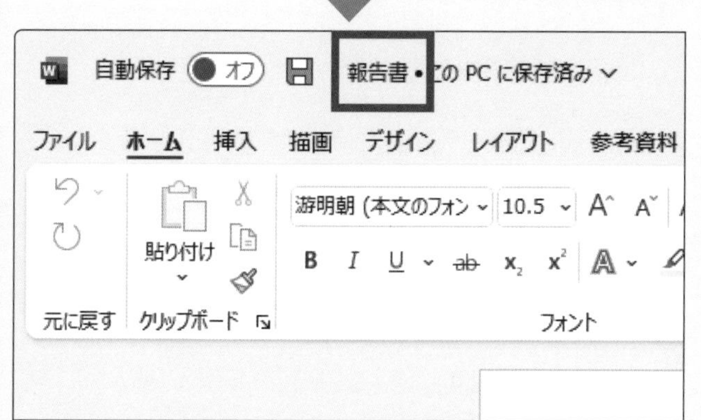

「報告書」のファイルが開きました。

第1章

練習問題

1 ワードを起動するときに、最初に左クリックするボタンはどれですか？

❶  ❷  ❸ 

2 保存した文書を再度画面に表示することを何といいますか？

❶ 閉じる

❷ 開く

❸ 読み込む

3 ワードを終了するときに左クリックするボタンはどれですか？

❶  ❷  ❸ 

第2章

2 ワードで文書を作ろう

この章で学ぶこと

- 入力モードの切り替え方がわかりますか?
- 漢字に変換できますか?
- 改行できますか?
- 文字のコピーや移動ができますか?
- 文字を削除できますか?
- ファイルの上書き保存ができますか?

01 » この章でやること～文字の入力

この章では、キーボードから文字を入力する方法を学びます。
また、入力した文字をあとから修正する方法も覚えましょう。

 文字を入力する

ひらがなや**漢字**、**英字**などを入力します。
漢字を入力するには、**ひらがなを入力**して**漢字に変換**します。

うりあげほうこく
1 売上報告
ひらがなを入力して…
2 売上報告書
3 売上げ報告
4 "uriagehoukoku"

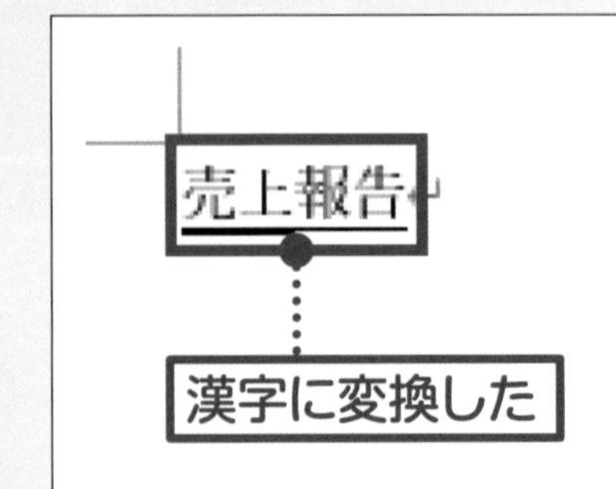

文字を修正する

文字を**コピー**したり、**貼り付け**たりして、文字を**修正**します。

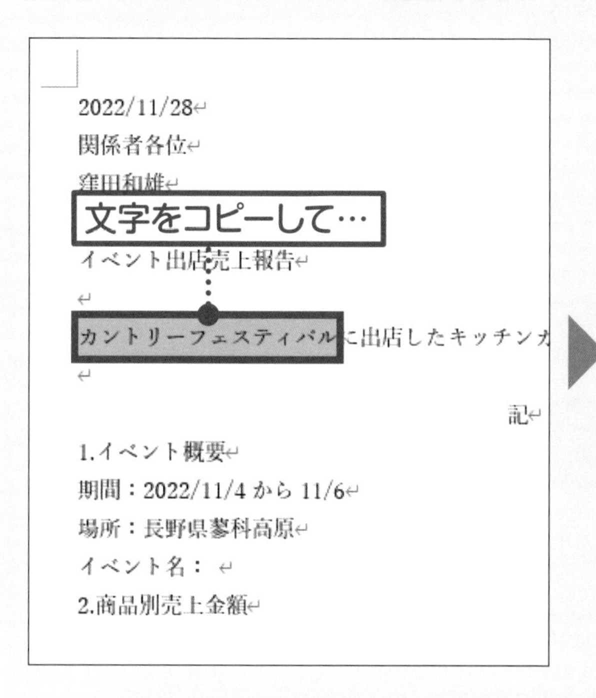

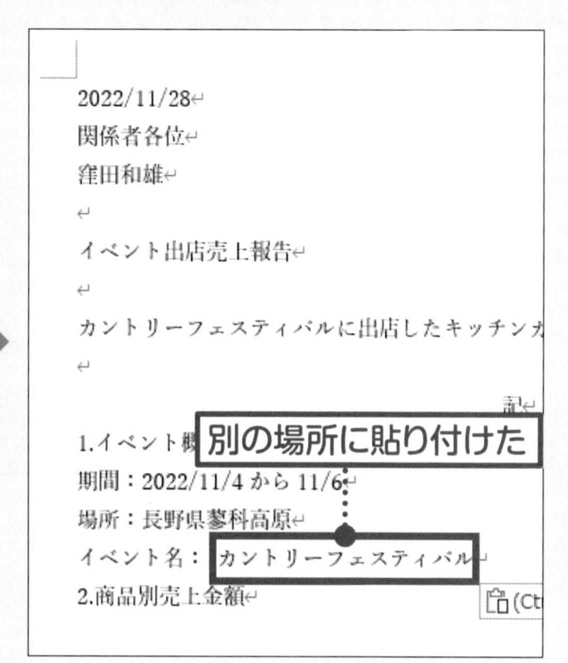

文書を上書き保存する

修正した文書を保存（**上書き保存**）します。

上書き保存

を**左クリック**すると、文書を保存できます。

02 » 入力の切り替え方を理解しよう

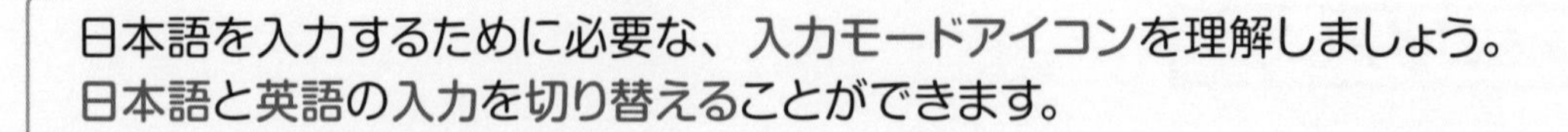

日本語を入力するために必要な、入力モードアイコンを理解しましょう。
日本語と英語の入力を切り替えることができます。

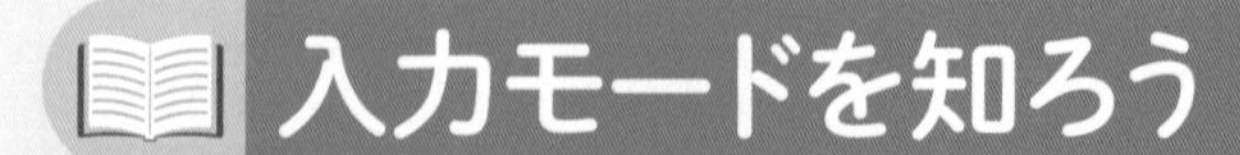

入力モードを知ろう

画面の右下に表示される

入力モードアイコンの あ は、**日本語入力モード**です。

入力モードアイコンの A は、**英語入力モード**です。

● 日本語入力モードへの切り替え

入力モードアイコンが A のときに

キーボードの 半角/全角 キーを押すと、 あ に切り替わります。

● 英語入力モードへの切り替え

入力モードアイコンが あ のときに

キーボードの 半角/全角 キーを押すと、 A に切り替わります。

文字の入力方法を知ろう

日本語入力モードには、ローマ字で入力する**ローマ字入力**と、ひらがなで入力する**かな入力**の２つの方法があります。
本書では、**ローマ字入力を使った方法**を解説します。

● ローマ字入力

ローマ字入力は、アルファベットのローマ字読みで日本語を入力します。かなとローマ字を対応させた表を、この本の裏表紙に掲載しています。

● かな入力

かな入力は、キーボードに書かれているひらがなの通りに日本語を入力します。

03 » 日付を入力しよう

文書に、文書を作成した日付を入力します。
英語入力モードで、数字と記号を入力します。

操作

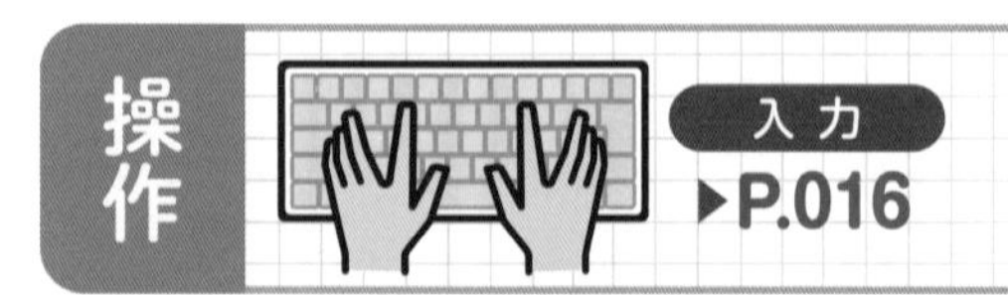

1 入力モードを切り替えます

30ページの方法で、「報告書」を開いておきます。

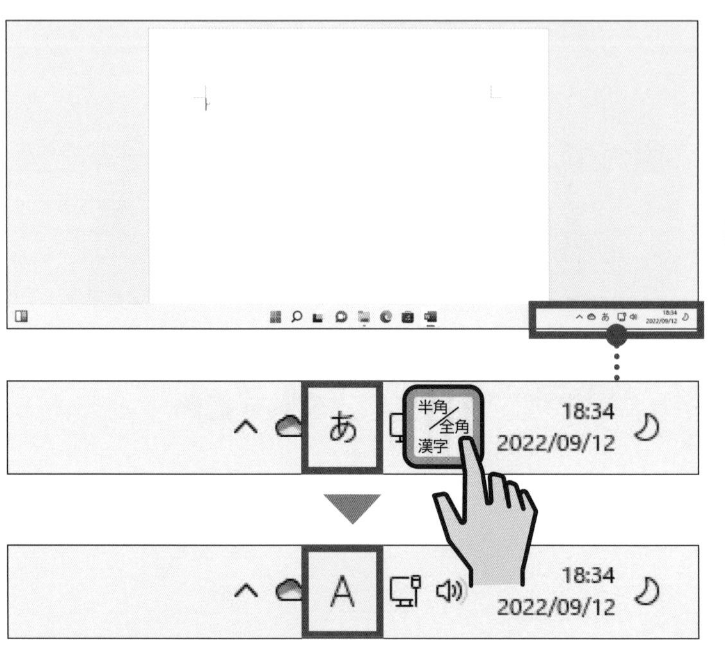

半角／全角キーを押します。

入力モードアイコンがあからAに切り替わります。

2 日付を入力します

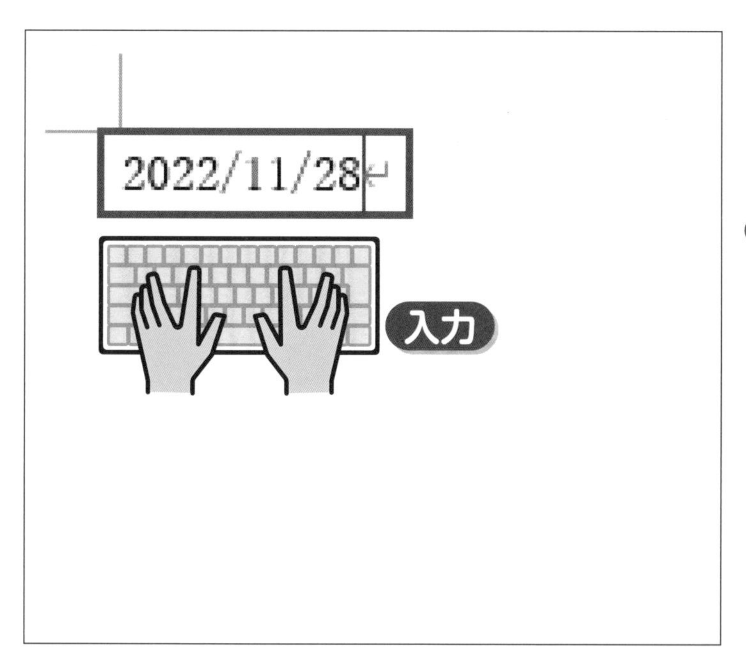

「2022/11/28」と

ポイント

「/」(スラッシュ記号)は、［?/め］(め)のキーを押して入力します。

3 日付を入力できました

日付が入力できました。

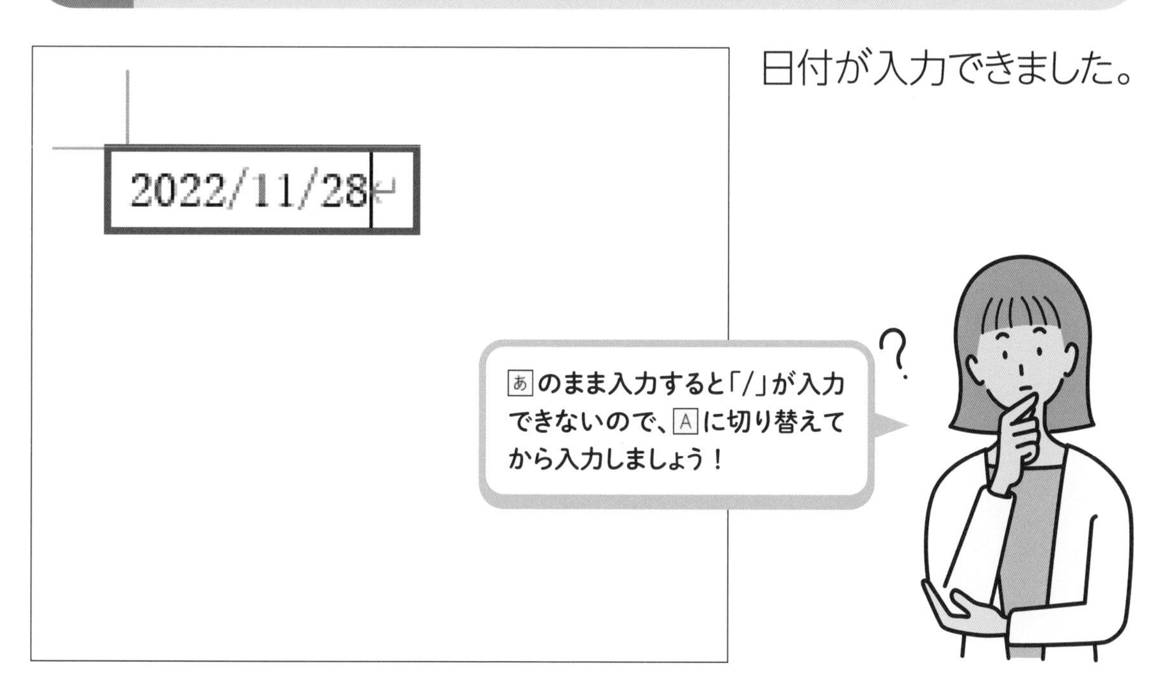

04 » 次の行に改行しよう

文章を折り返して次の行に文字カーソルを移動することを、改行といいます。
改行は、新しい行に文字を入力するときに使います。

操作 入力 ▶P.016

1 カーソルの位置を確認します

2022/11/28

日付の右側で、

文字カーソル
| が

点滅していることを
確認します。

2 次の行に改行します

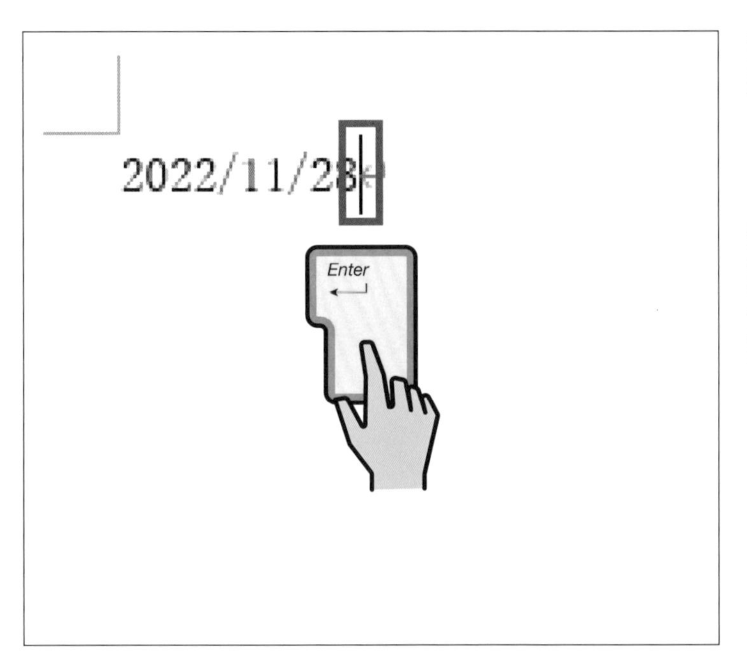

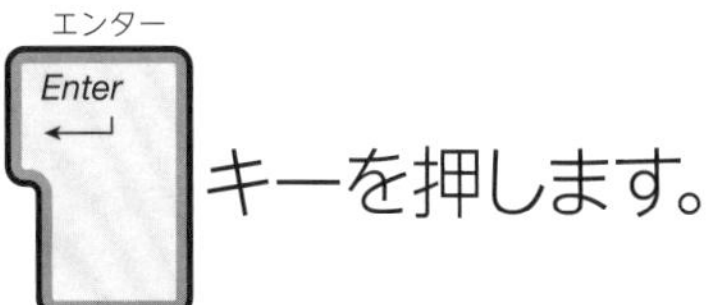

キーを押します。

｜（文字カーソル）のある位置が、文字を入力できる場所です！

3 改行できました

2022/11/28

文字カーソル
｜が

次の行の先頭に移動します。

これで改行できました。

ポイント

Enter キーを押すごとに、｜（文字カーソル）の位置を次の行に移動できます。

05 » 文字を変換して入力しよう

宛先や発信者、タイトルなどの文字を入力します。
ひらがなで読みを入力してから、漢字に変換します。

操作

入力
▶P.016

1 入力モードを切り替えます

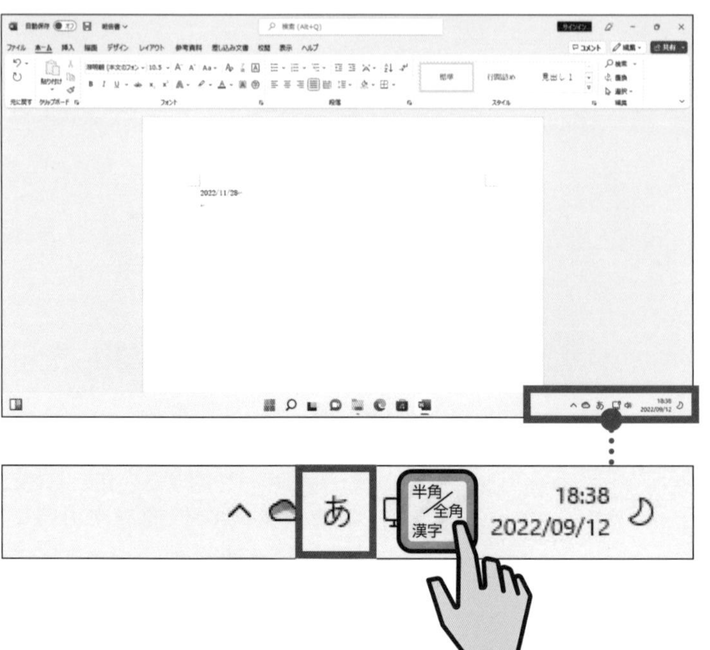

半角／全角

半角/全角 漢字 キーを押して、

入力モードアイコンを

あ に切り替えます。

日本語入力モードに
切り替わります。

2 宛先を入力します

を押します。

3 漢字に変換します

「かんけいしゃかくい」と表示され、
下線がついていることを確認します。

キーを押します。

4 文字を確認します

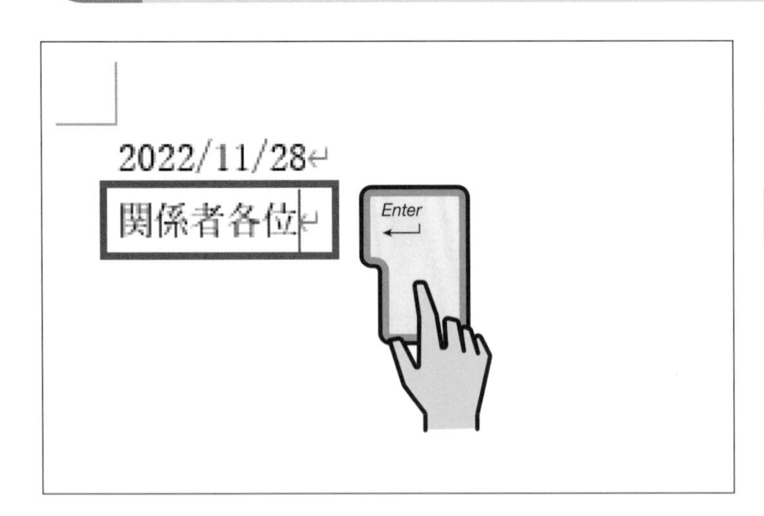

「関係者各位」に
変換されたら、

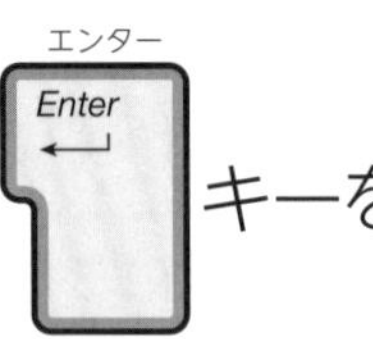

キーを押します。

下線がなくなり、
文字が確定します。

5 発信者を入力します

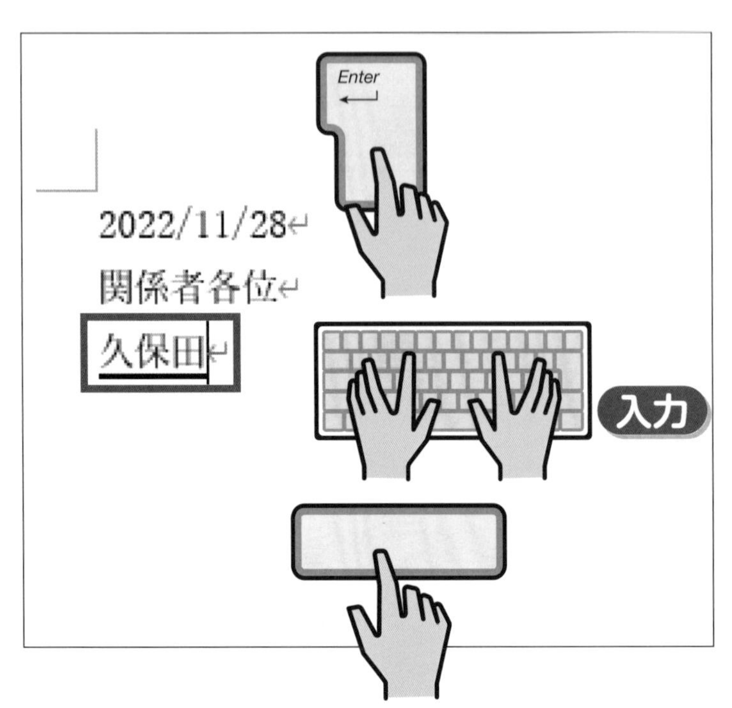

キーを押して、

改行します。
「くぼた」と

入力して、

キーを

押します。

ポイント

ここでは「窪田」と変換したいのですが「久保田」に変換されました。

6 別の漢字に変換します

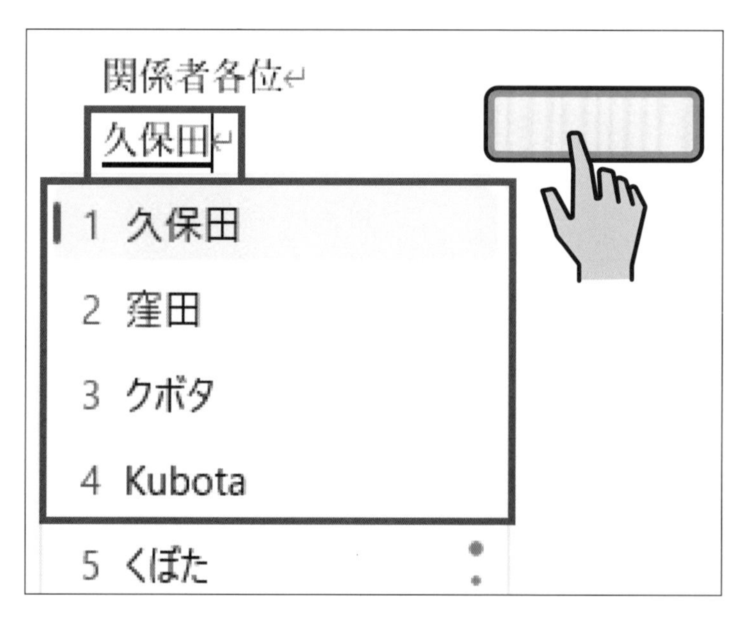

もう一度 スペース キーを押します。

別の変換候補が表示されます。

7 目的の漢字を選びます

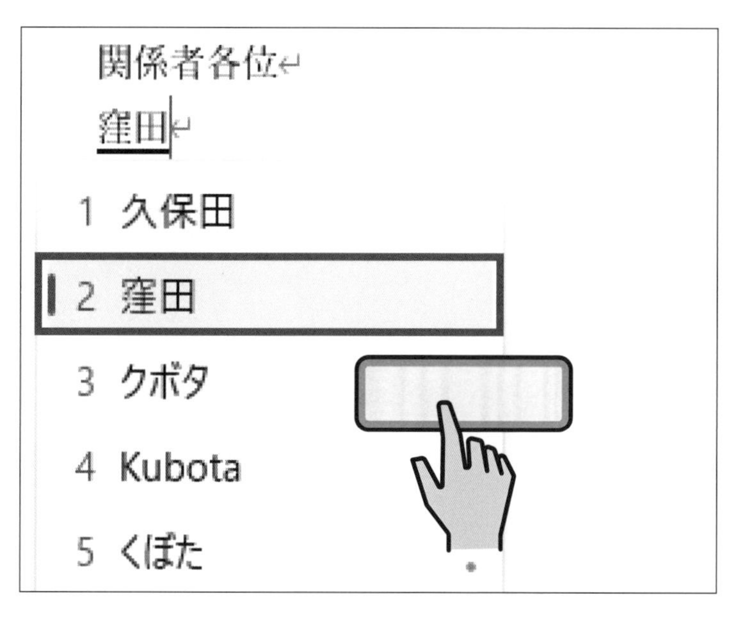

何度か スペース キーを押して、目的の漢字（ここでは「窪田」）を選択します。

8 文字を確定します

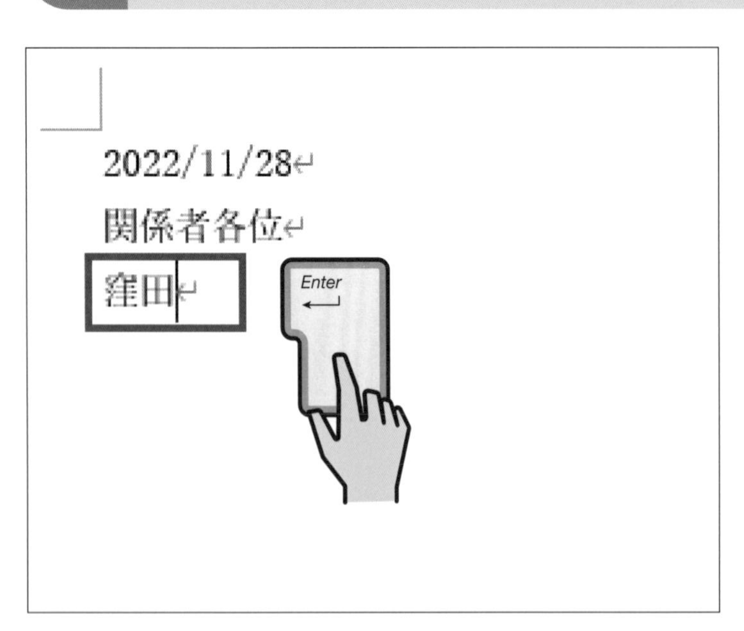

キーを押します。

下線がなくなり、
文字が確定します。

9 残りの文字を入力します

同様の方法で、発信者の名前やタイトル、

本文を入力します。

入力

2022/11/28
関係者各位
窪田和雄

イベント出店売上報告

カントリーフェスティバルに出店したキッチンカーのデータを集計しました。

10 改行します

2022/11/28↵
関係者各位↵
窪田和雄↵
↵
イベント出店売上報告↵
↵
カントリーフェスティバルに出店したキッチ

×2

本文を入力し終えたら、

エンター

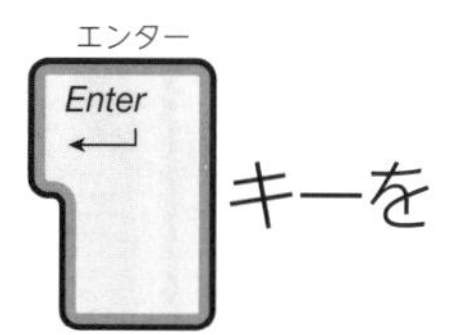

キーを

2回押します。

11 もう一度改行します

2022/11/28↵
関係者各位↵
窪田和雄↵
↵
イベント出店売上報告↵
↵
カントリーフェスティバルに出店したキッチ
↵
↵

文字カーソル

｜ が

本文の2行下に
移動します。

06 » 「記」と「以上」を入力しよう

箇条書きの前後には、「記」と「以上」をつけるのがルールです。
「記」と入力すると、自動的に「以上」の文字が表示されます。

操作

入力
▶P.016

1 頭語（とうご）を入力します

窪田和雄↵

↵

イベント出店売上報告↵

↵

カントリーフェスティバルに出店した

↵

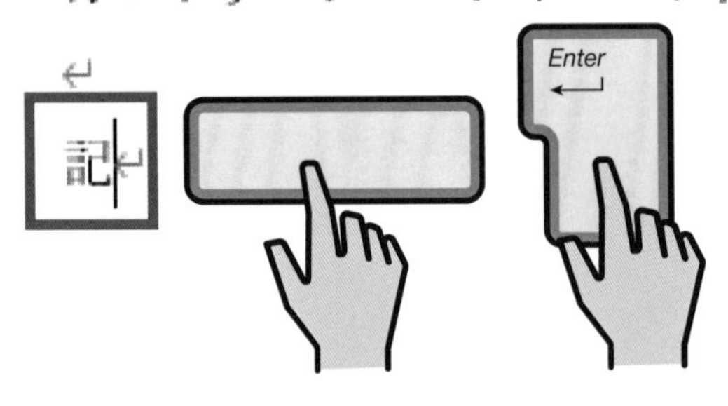

「き」と入力し、

スペースキーを押します。

「記」と変換されたら、

エンターキーを押します。

2 結語(けつご)が表示されます

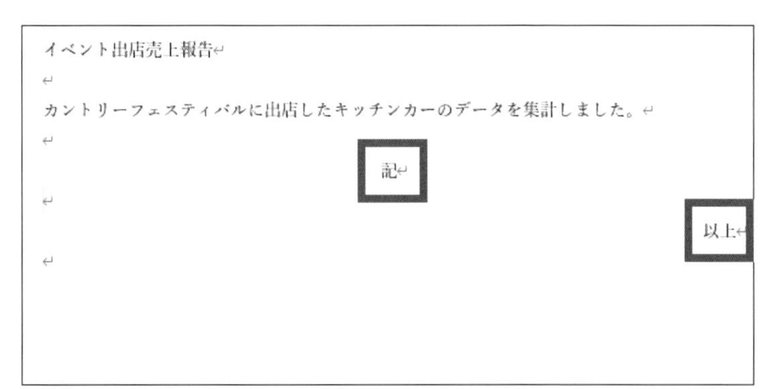
イベント出店売上報告
カントリーフェスティバルに出店したキッチンカーのデータを集計しました。
記
以上

「記」が中央に移動し、2行下の右側に「以上」の文字が表示されます。

3 箇条書きを入力します

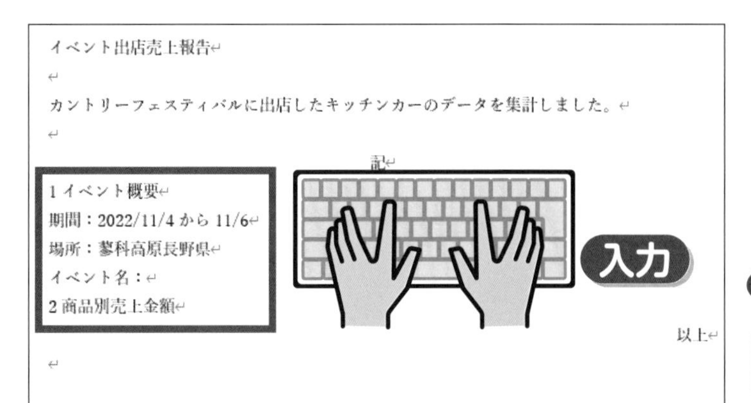
イベント出店売上報告
カントリーフェスティバルに出店したキッチンカーのデータを集計しました。
記
1 イベント概要
期間：2022/11/4 から 11/6
場所：蓼科高原長野県
イベント名：
2 商品別売上金額
以上

「記」と「以上」の間に、左の箇条書きを入力します。

ポイント

「：」(コロン)は、(け)のキーを押して入力します。

コラム 入力オートフォーマットのいろいろ

「記」などの**頭語**を入力すると、自動的に**結語**が入力されます。この機能を、**入力オートフォーマット**といいます。入力される言葉の組み合わせには、右のものなどがあります。

頭語	結語
拝啓	敬具
前略	草々
記	以上

07 » 文字をコピーしよう

入力した文字は、コピーして別の場所に貼り付けることができます。
ここでは、「カントリーフェスティバル」の文字をコピーします。

操作

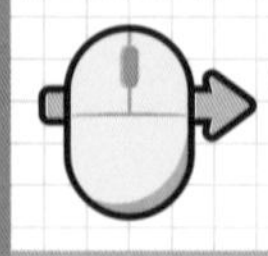
移動 ▶P.012

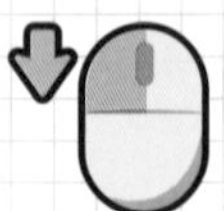
左クリック ▶P.013

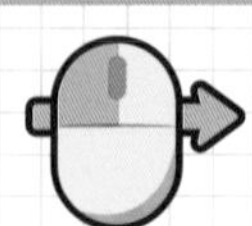
ドラッグ ▶P.015

1 カーソルを移動します

イベント出店売上報告↵

↵

カントリーフェスティバルに出店した

↵

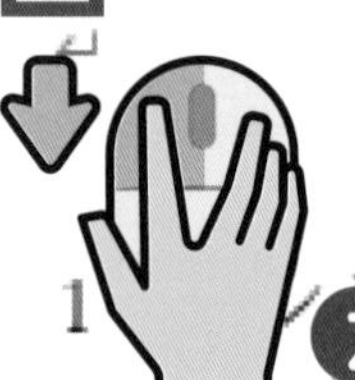

1 ……概要

期間：2022/11/4 から 11/6↵

場所：蓼科高原長野県↵

イベント名：↵

2 商品別売上金額↵

コピーする文字（ここでは「カ」）の左側にカーソルを移動して、

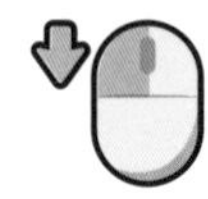
左クリックします。

次の操作でドラッグをするけど、詳しくは15ページを参照してね！

2 文字をドラッグします

イベント出店売上報告

カントリーフェスティバルに出店した

1 イベント概要

期間：2022/11/4 から 11/6

場所：蓼科高原長野県

ドラッグ

マウスの左ボタンを
押しながら、
コピーする文字を

ドラッグします。

文字が選択できました。

ポイント

正しく選択できなかったときは別の場所を左クリックし、最初からやり直しましょう。

3 文字をコピーします

ホーム を

左クリックします。

コピー

を

左クリックします。

これで文字を
コピーできました。

4 文字の貼り付け先を指定します

関係者各位
窪田和雄

イベント出店売上報告

カントリーフェスティバルに出店したキッチンカーのデータを集

記

1 イベント概要
期間：2022/11/4 から 11/6
場所：蓼科高原長野県
イベント名：
2 商品別売上金額

左クリック

文字を
貼り付ける場所に
カーソル を移動して、
左クリックします。

ポイント
ここでは「イベント名：」の右側を左クリックします。

5 文字を貼り付けます

貼り付け
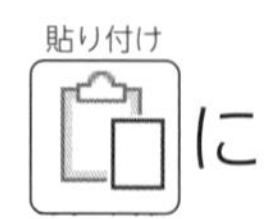
に
カーソル を移動して、

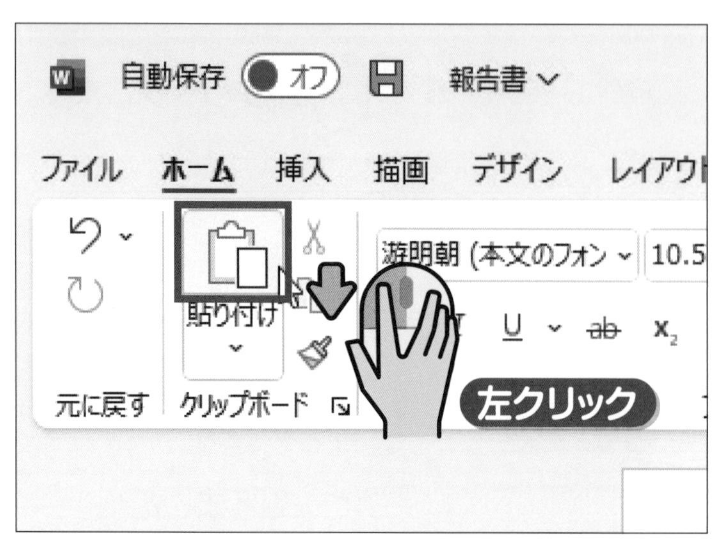

6 文字が貼り付けられました

イベント出店売上報告

カントリーフェスティバルに出店したキッチンカーのデータを集

記

1 イベント概要
期間：2022/11/4 から 11/6
場所：蓼科高原長野県
イベント名：カントリーフェスティバル
2 商品別売上金額

(Ctrl)

コピーした文字（「カントリーフェスティバル」）が、指定した場所に貼り付けられました。

コラム

クリップボードを経由して文字が貼り付けられる

文字を**コピー**すると、**クリップボード**という保管場所に、一時的に文字が保存されます。**貼り付け**の操作をすると、クリップボードに保存されている文字が貼り付けられます。

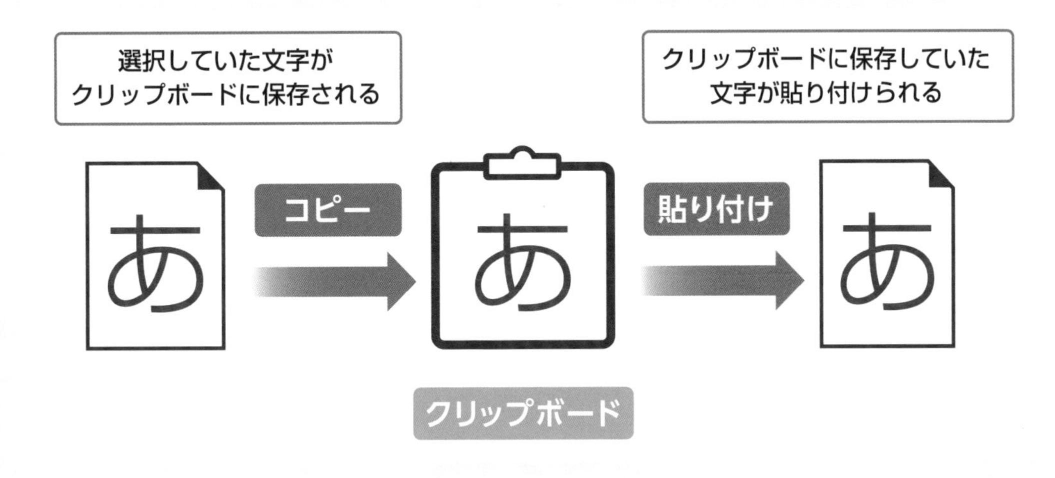

08 » 文字を移動しよう

入力した文字の位置は、あとから変更できます。
ここでは、箇条書きの「蓼科高原」を「長野県」のうしろに移動します。

操作

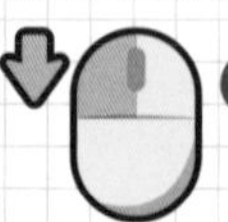

左クリック ▶P.013

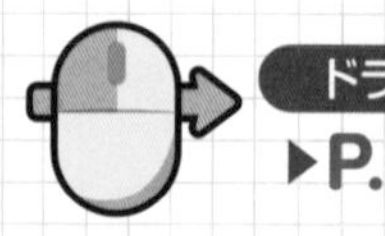

ドラッグ ▶P.015

1 文字を選択します

1 イベント概要↵
期間：2022/11/4 から 11/6↵
場所：蓼科高原長野県↵
イベント名：カントリー…ティバル↵
2 商品別売上金額↵

52ページの方法で、「蓼科高原」の文字を

ドラッグして、選択します。

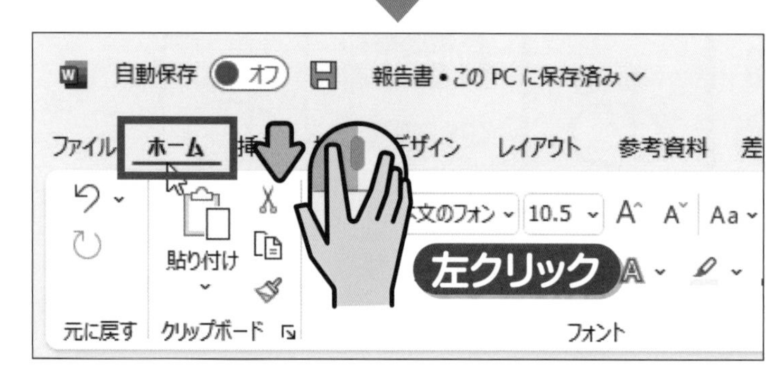

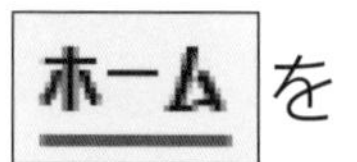

を

左クリックします。

2 文字を移動します

切り取り

を

左クリックします。

1 イベント概要
期間：2022/11/4 から 11/6
場所：長野県
イベント名：カン　　フェスティバル
2 商品別売上金額

文字を移動する場所（ここでは「県」の右）を

左クリックします。

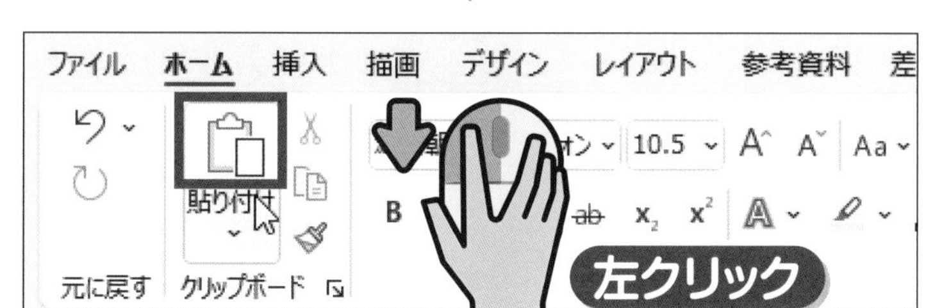

貼り付け

を

左クリックします。

1 イベント概要
期間：2022/11/4 から 11/6
場所：長野県蓼科高原
イベント名：カントリー　　ィバル
2 商品別売上金額

切り取った文字（「蓼科高原」）が、指定した場所に移動しました。

09 » 文字を削除しよう

まちがえて入力した文字や不要な文字は、削除します。
文字を削除すると、うしろの文字が詰まって表示されます。

操作

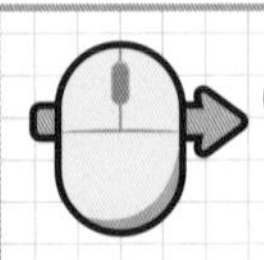

移動 ▶P.012

左クリック ▶P.013

入力 ▶P.016

1 文字カーソルを移動します

1イベント概要↵
期間：2022/11/4 から 11/6↵
場所：長野県蓼科高原↵
イベント名：カントリーフェスティバル↵
2商品別売上金額↵

削除したい文字
（ここでは「長」）の左側に
カーソル
I を移動して、

左クリックします。

1イベント概要↵
期間：2022/11/4 から 11/6↵
場所：長野県蓼科高原↵
イベント名：カントリーフェスティバル↵
2商品別売上金額↵

文字カーソル
| が「長」の左側に
移動しました。

2 文字を削除します

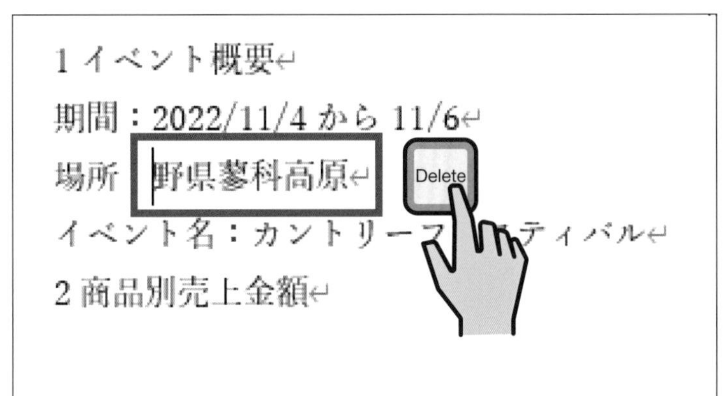

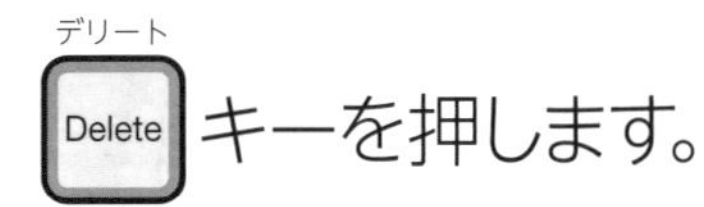

キーを押します。

「長」の文字が消えます。

ポイント

Delete キーを押すと、文字カーソルの右側の文字が消えます。

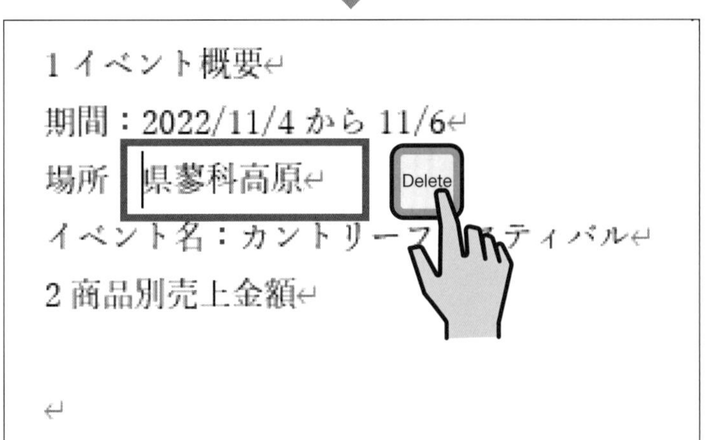

もう一度、

デリート Delete キーを押します。

「野」の文字が消えます。

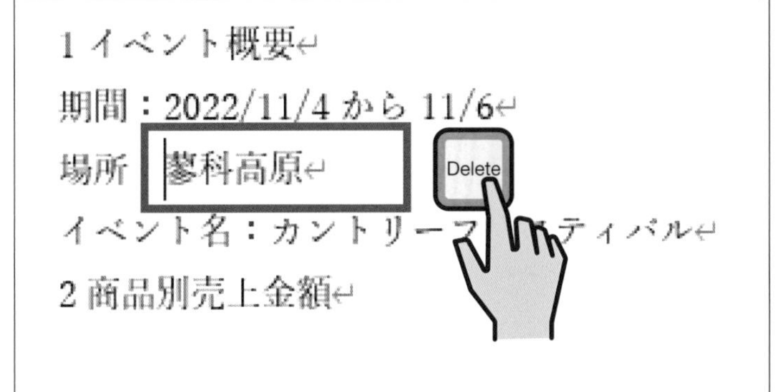

もう一度、

デリート Delete キーを押します。

「長野県」の文字がすべて消えました。

10 » 文字を追加しよう

不足していた文字は、あとから追加できます。
ここでは、「データ」の前に「売上」という文字を追加します。

操作

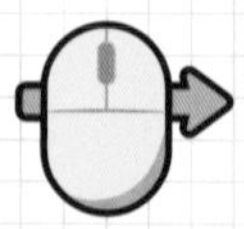
移動 ▶P.012

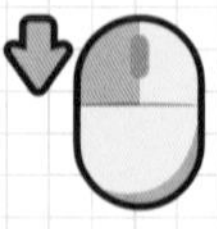
左クリック ▶P.013

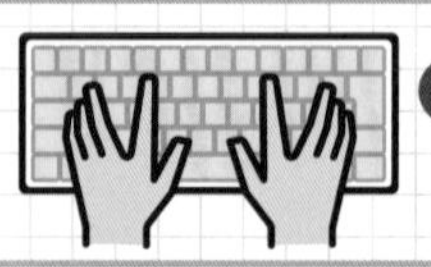
入力 ▶P.016

1 文字カーソルを移動します

イベント出店売上報告

カントリーフェスティバルに出店したキッチンカーのデータを集計

記

1 イベント概要
期間：2022/11/4 から 11/6
場所：蓼科高原

イベント出店売上報告

カントリーフェスティバルに出店したキッチンカーのデータを集計

記

1 イベント概要
期間：2022/11/4 から 11/6
場所：蓼科高原

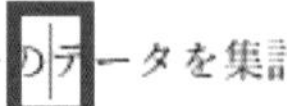

文字を追加したい場所にカーソル I を移動して、左クリックします。

文字カーソル | が移動しました。

ポイント

ここでは、「データ」の左側に |（文字カーソル）を移動します。

2 文字を追加します

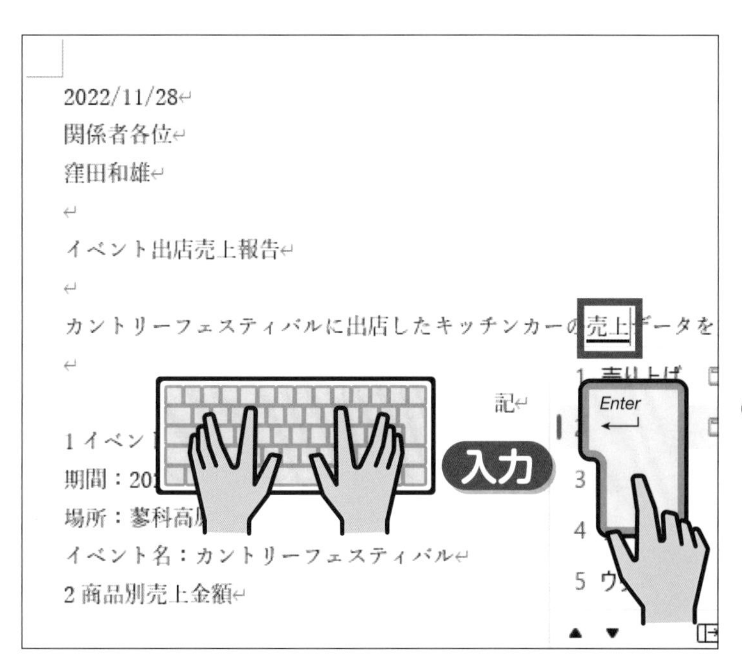

「売上」と

エンター

ポイント

A が表示されているときは、半角/全角 キーを押して あ に切り替えます。

3 文字が追加できました

2022/11/28
関係者各位
窪田和雄

イベント出店売上報告

カントリーフェスティバルに出店したキッチンカーの売上データを

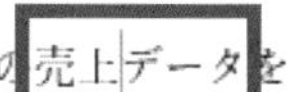

記

1 イベント概要
期間：2022/11/4 から 11/6
場所：蓼科高原
イベント名：カントリーフェスティバル
2 商品別売上金額

「データ」の前に、「売上」の文字を追加できました。

11 » ワード文書を上書き保存しよう

修正を行ったファイルの内容を保存し直します。
同じ名前で同じ場所に保存し直すことを、上書き保存といいます。

1 ファイルを上書き保存します

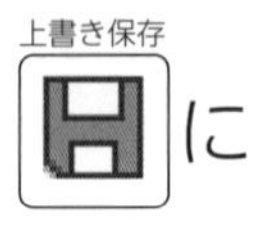

に

カーソル を移動して、

これで
「報告書」ファイルが
最新の内容で
保存されます。

2 ワードを終了します

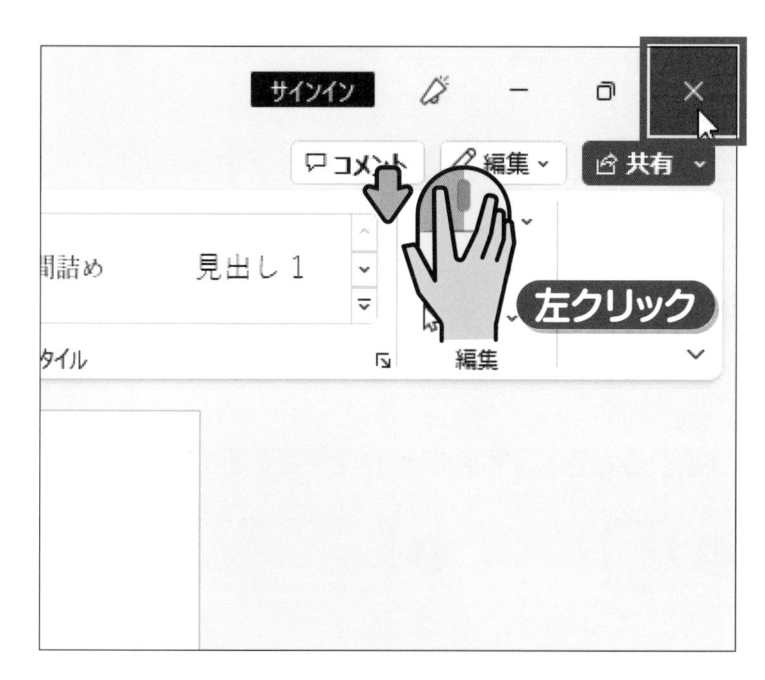

画面右上の

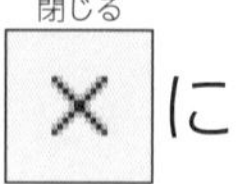

に

カーソル

を移動して、

3 ワードが終了しました

ワードのウィンドウが閉じて、デスクトップの画面が表示されます。

第2章

練習問題

1 入力モードアイコンの あ を A に切り替えるときに押すキーはどれですか？

2 ひらがなを漢字に変換するときに押すキーはどれですか？

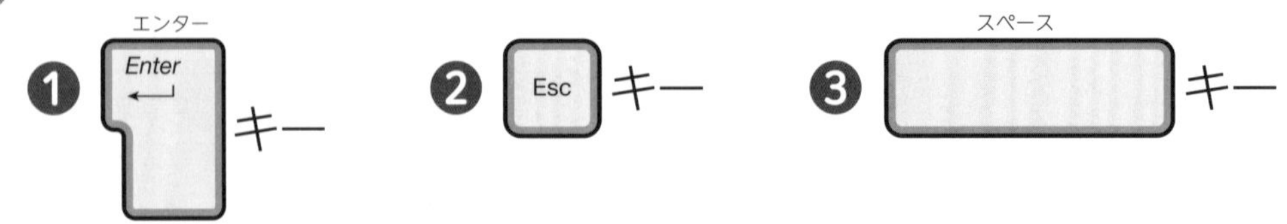

3 上書き保存をすると、ファイルはどうなりますか？

❶ 保存する前のファイルは、別の名前で自動的に保存される

❷ 修正した内容が、別のファイルとして保存される

❸ 修正した内容に更新され、最新の状態で保存される

第3章

3 ワードで文書を見やすく整えよう

この章で学ぶこと

- 文字を選択できますか?
- 文字の形や大きさを変更できますか?
- 文字の色を変更できますか?
- 文字の配置を変更できますか?
- 箇条書きを作成できますか?

01 » この章でやること～文字の書式

文字の大きさや色、形、配置などの飾りのことを書式と呼びます。
この章では、文字にさまざまな書式をつける方法を学びます。

文書を見やすく整えよう

タイトルの文字が目立つように、
文字の形や**大きさ**、**色**などを変更します。
また、項目を**箇条書き**にしたり、文字を**中心に揃え**たりして、
全体のバランスを整えます。

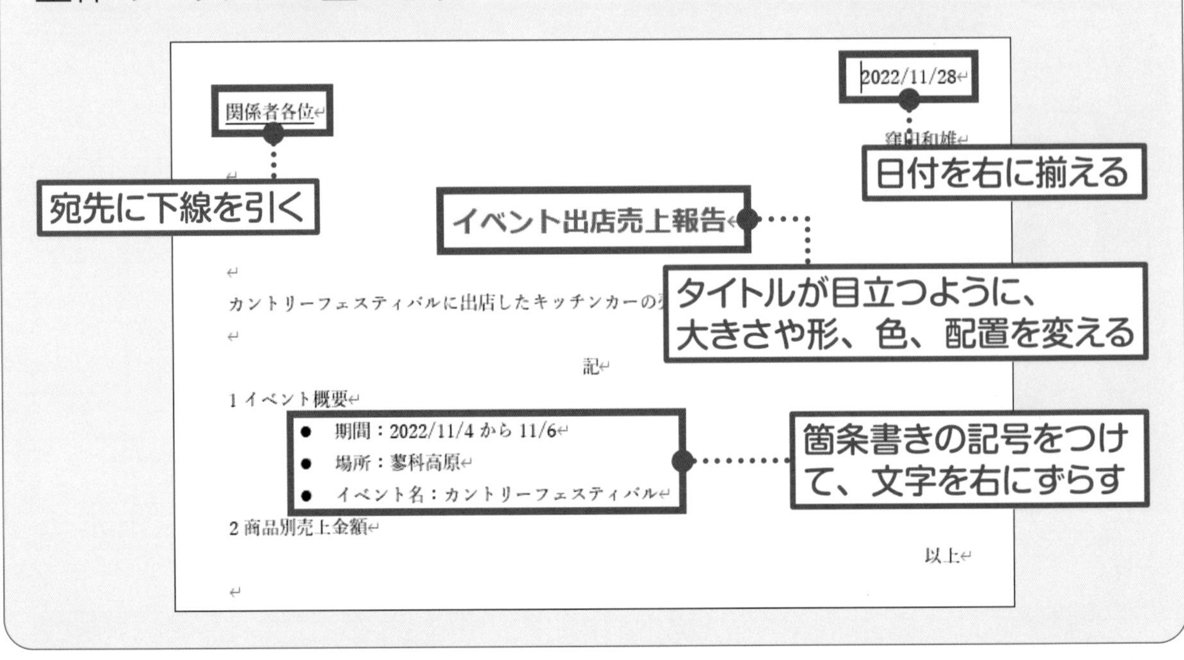

文字に書式をつける手順を知ろう

文字の飾りや配置を指定するときは、最初に**文字を選択**します。

❶ 文字を選択する

❷ 書式を選ぶ

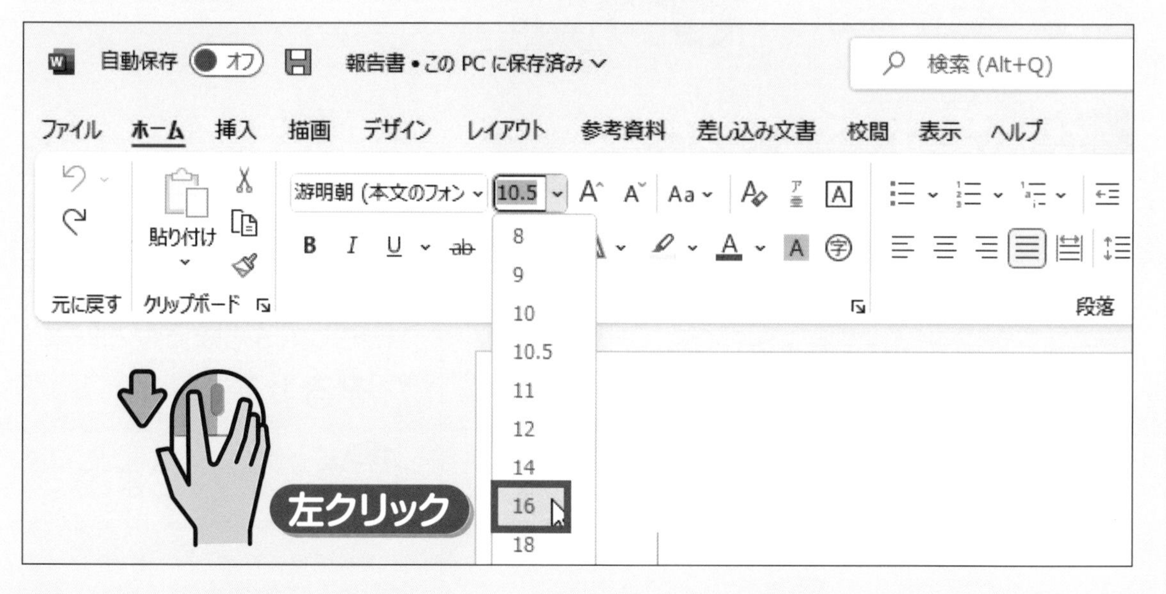

❸ 文字に書式がついた

イベント出店売上報告

文字の大きさが変わった

02 » 文字を選択しよう

文字に飾りをつけるときは、最初に文字を選択します。
ここでは、文字を選択したり、選択を解除したりする方法を知りましょう。

操作

左クリック
▶P.013

ドラッグ
▶P.015

1 文字を選択します

30ページの方法で、「報告書」を開きます。

イベント出店売上報告↵
↵
カントリーフェスティバルに出店した
↵

1イベント概
期間：2022/11/4から 11/6↵
場所：蓼科高原↵
イベント名：カントリーフェスティバ

選択したい文字の上をなぞるように

ドラッグします。

グレーの網が敷かれ文字が選択できました。

ポイント

ここでは、「フェスティバル」の文字を選択しています。

2 文字の選択を解除します

イベント出店売上報告
カントリーフェスティバルに出店した
左クリック
1イベント概要

選択した
文字以外の場所を
左クリックします。

イベント出店売上報告
カントリーフェスティバルに出店した
1イベント概要

文字の選択が
解除されました。

コラム

複数の行を選択するには

複数の行を選択するには、
選択する行の行頭に
カーソル
を移動して、下方向に
ドラッグします。

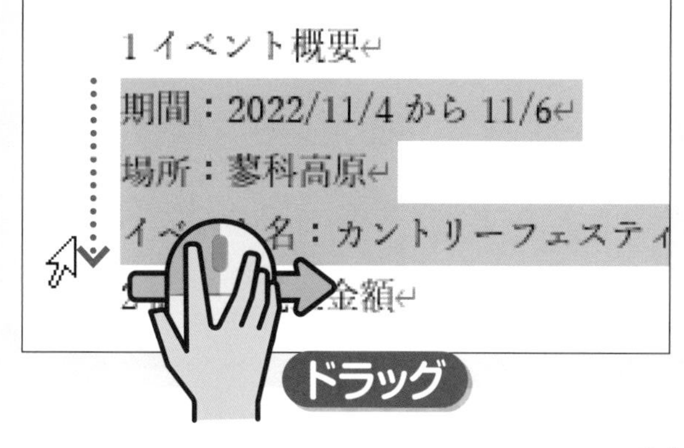

03 » 文字の大きさを変更しよう

報告書のタイトルが目立つように、文字の大きさを変更します。
最初にタイトルの文字を選択して、文字の大きさを選びます。

操作

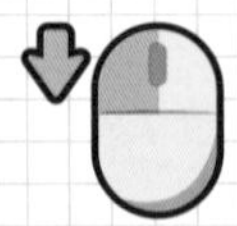

▶P.013

▶P.015

1 文字を選択します

大きさを変えたい
文字の上を

ドラッグします。

ポイント
ここでは、「イベント出店売上報告」の文字を選択しています。

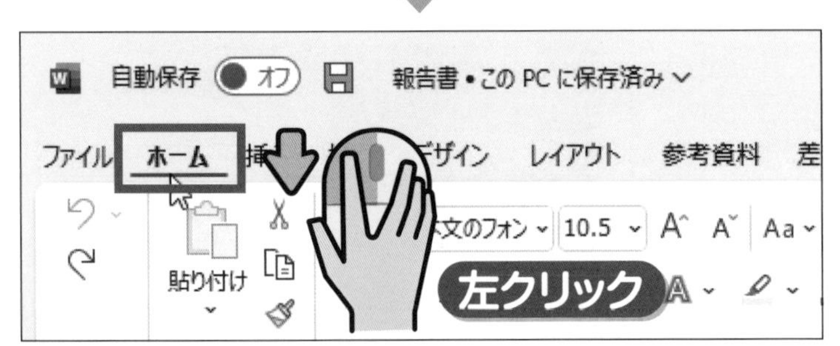

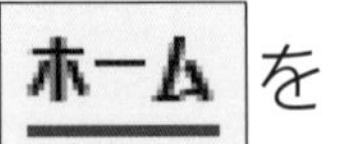を

左クリックします。

2 文字の大きさを変更します

フォントサイズ

の

右側の ⌄ を

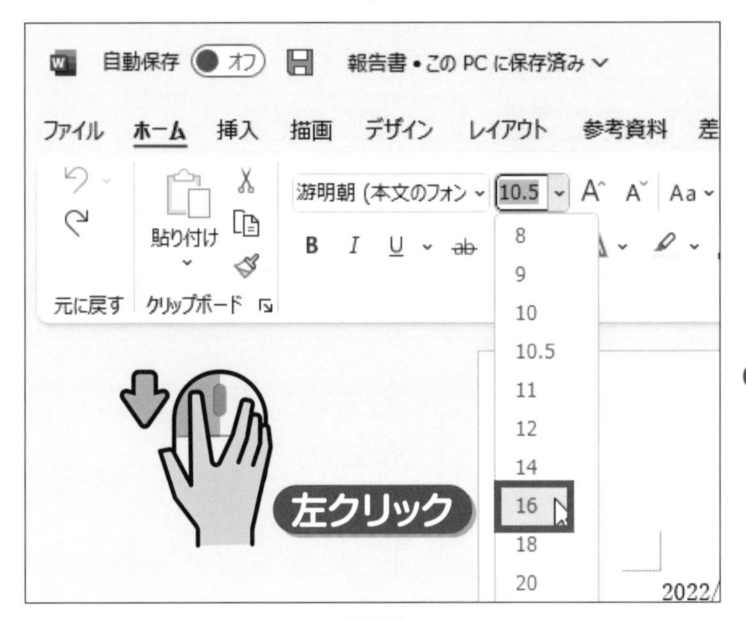

文字の大きさの一覧が表示されます。

変更したい大きさを

ポイント

文字の大きさは、数字で表現されます。ここでは「16」を選択しています。

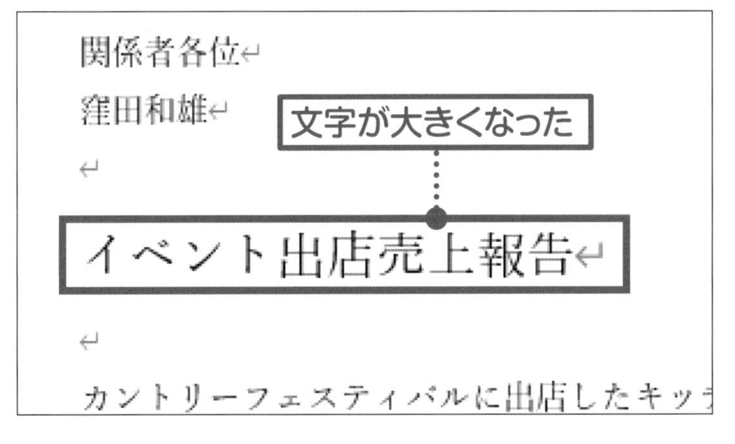

文字の大きさが変わりました。

ポイント

選択した文字以外の場所を左クリックして、選択を解除します。

04 » 文字の形を変更しよう

文字の形を変えると、文字の印象が変わります。
文字の形のことを、フォントといいます。

操作

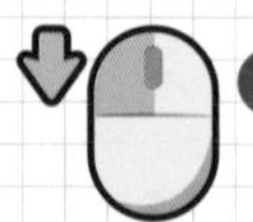

▶P.013

▶P.015

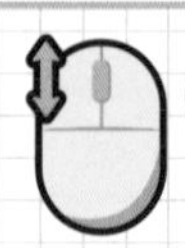

▶P.010

1 文字を選択します

文字の形を変えたい文字の上を

ドラッグします。

ポイント

ここでは、「イベント出店売上報告」の文字を選択しています。

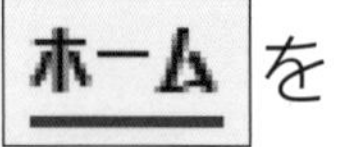

を

2 文字の形を変更します

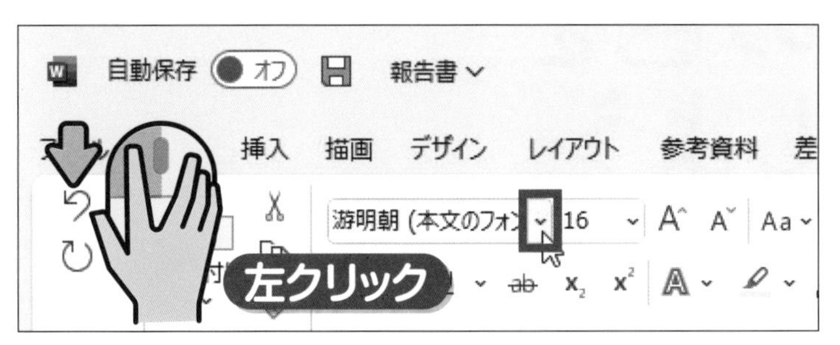

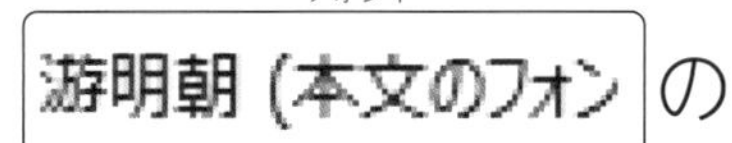

の

右側の ⌄ を

マウスのホイールを

回転して、

変更したい文字の形を

ポイント

ここでは、「メイリオ」を選択しています。

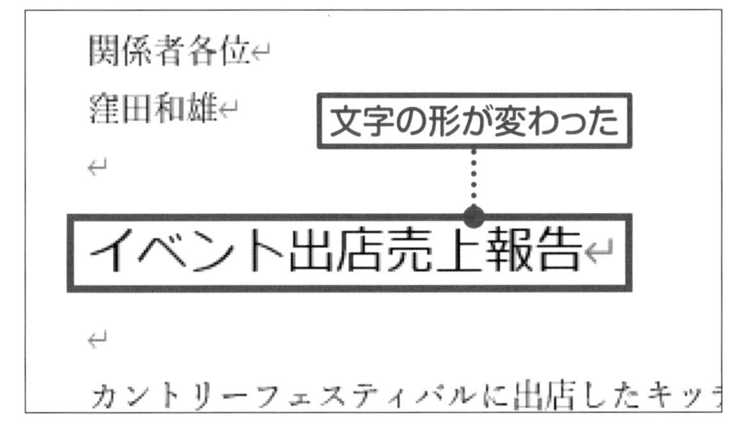

文字の形が
変わりました。

選択した文字以外の場所を左クリックして、選択を解除します。

05 » 文字の色を変更しよう

文字の色は、通常の黒から別の色に変えることができます。
ここでは、タイトルの文字が目立つように色をつけます。

操作

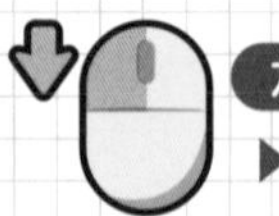

▶P.013

▶P.015

1 文字を選択します

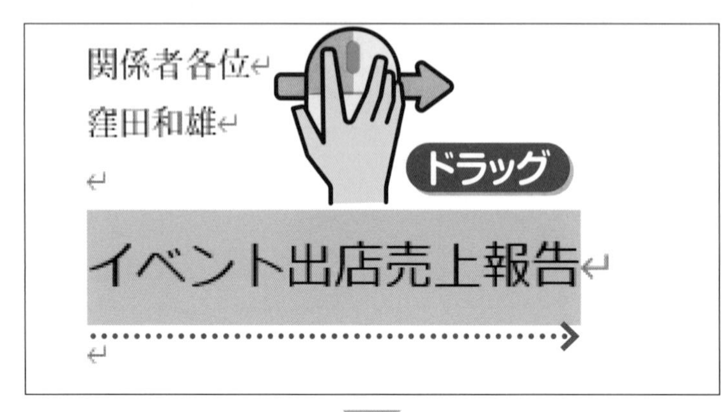

色を変えたい文字の上を  ドラッグします。

ポイント
ここでは、「イベント出店売上報告」の文字を選択しています。

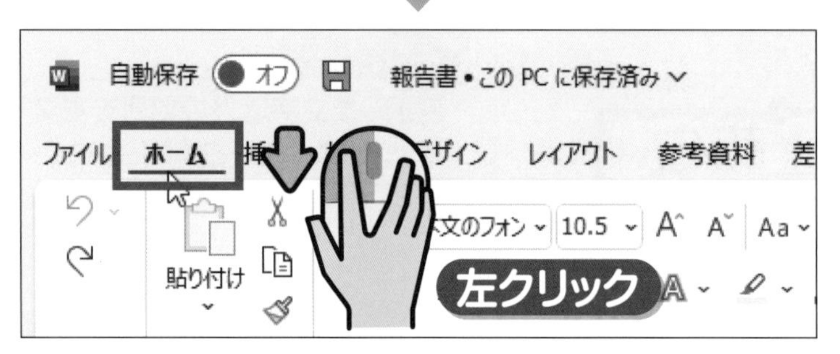

ホーム を

2 文字の色を変更します

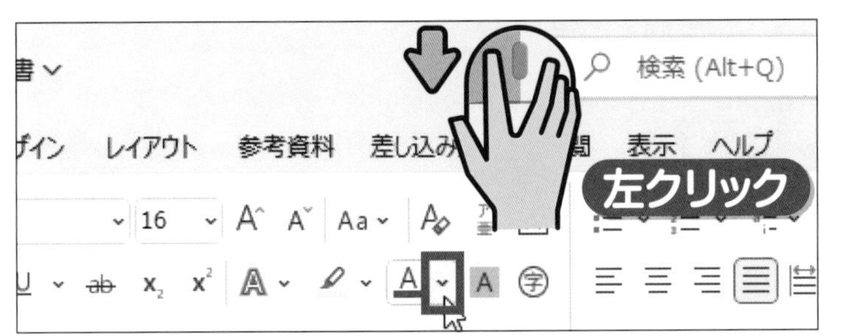

フォントの色

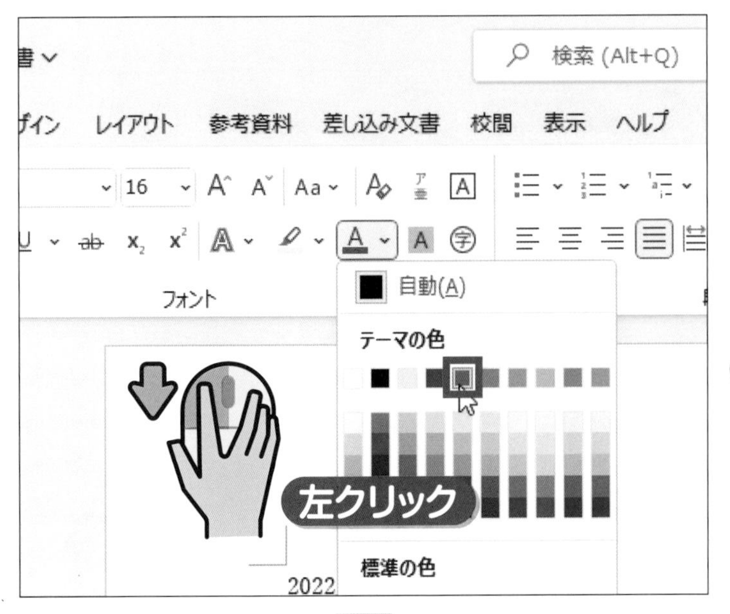

色の一覧が表示されます。

変更したい色を

ポイント
ここでは、「青、アクセント1」を選択しています。

関係者各位↵
窪田和雄↵
文字の色が変わった
↵
イベント出店売上報告↵
↵
カントリーフェスティバルに出店したキッ

文字の色が変わりました。

ポイント
選択した文字以外の場所を左クリックして、選択を解除します。

06 » 文字に飾りをつけよう

文字には、太字や斜体、下線などの飾りをつけることができます。
ここでは、タイトルを太字にします。また、宛先に下線を引きます。

操作

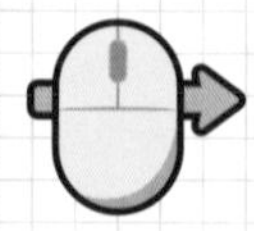

移動 ▶P.012

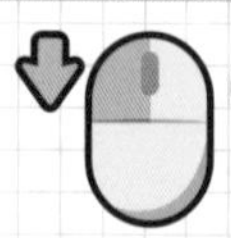

左クリック ▶P.013

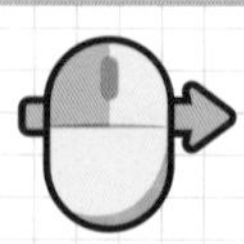

ドラッグ ▶P.015

1 文字を選択します

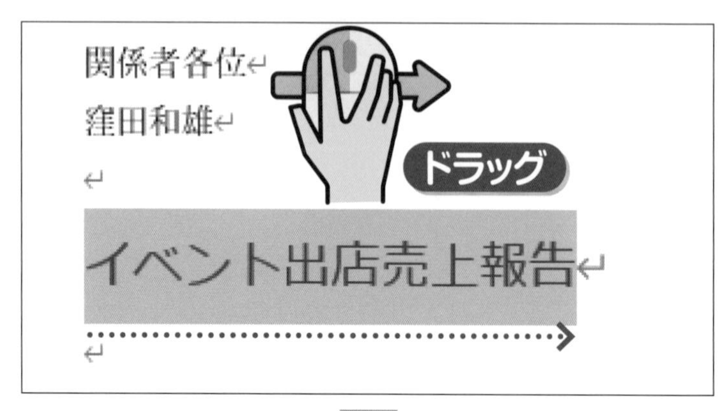

太字にしたい
文字の上を

ドラッグします。

ポイント
ここでは、「イベント出店売上報告」の文字を選択しています。

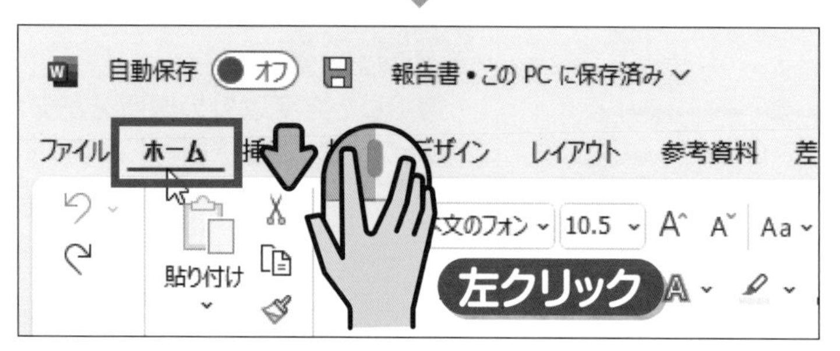

ホーム を

2 文字を太字にします

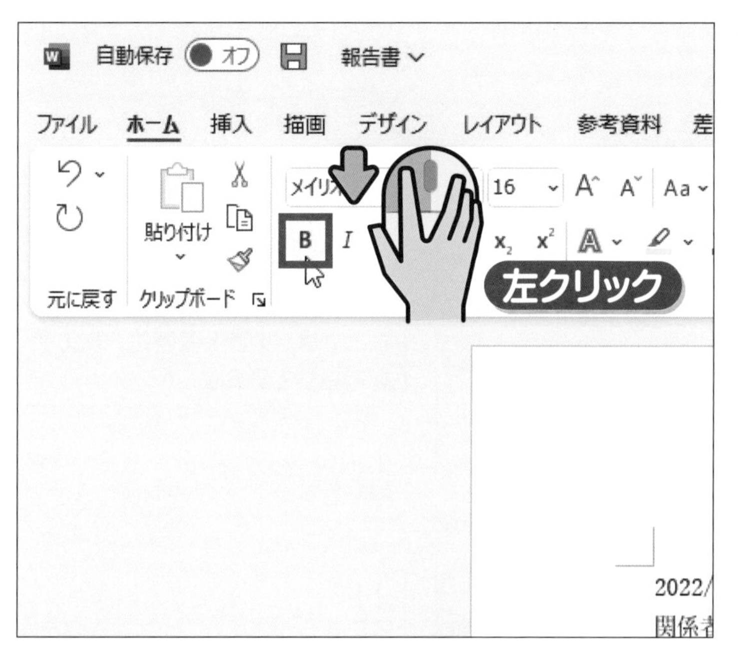

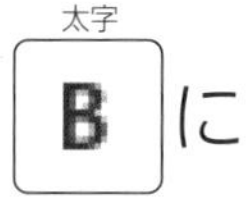
に

カーソル を移動して、

左クリックします。

3 文字が太字になりました

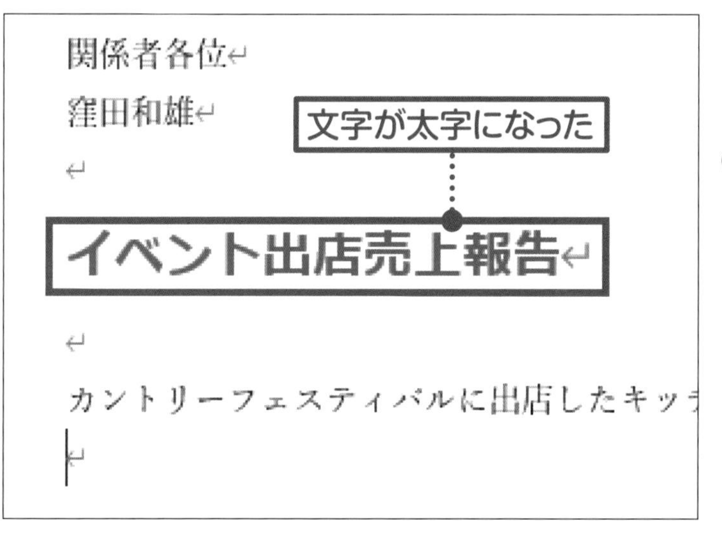

文字が
太字になりました。

ポイント

選択した文字以外の場所を左クリックして、選択を解除します。

4 文字に下線を引きます

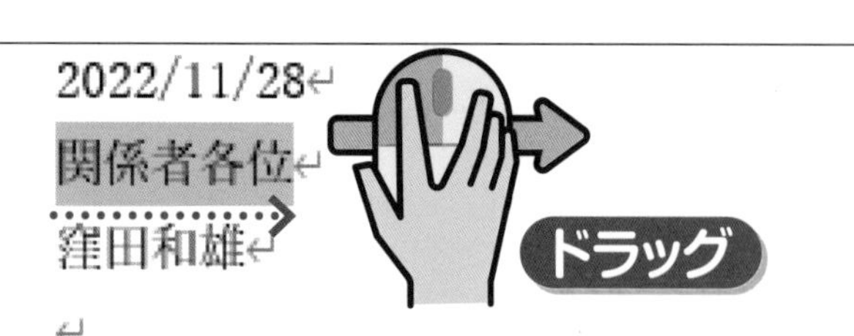

イベント出店売上報告

カントリーフェスティバルに出店したキッ

下線を引きたい
文字の上を

ドラッグします。

ポイント
ここでは、「関係者各位」の文字を選択しています。

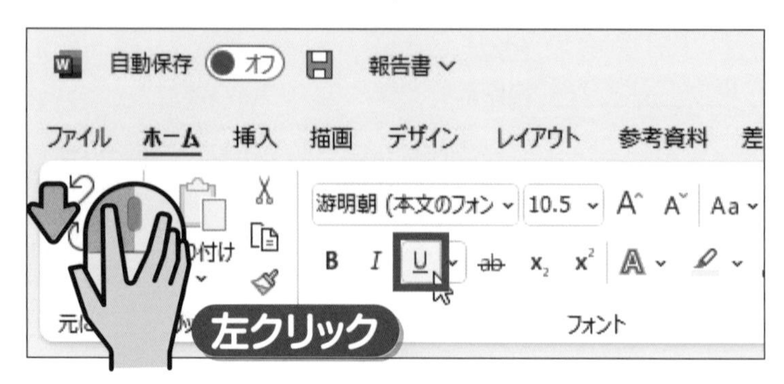

下線

U に

カーソル

を移動して、

左クリックします。

2022/11/28

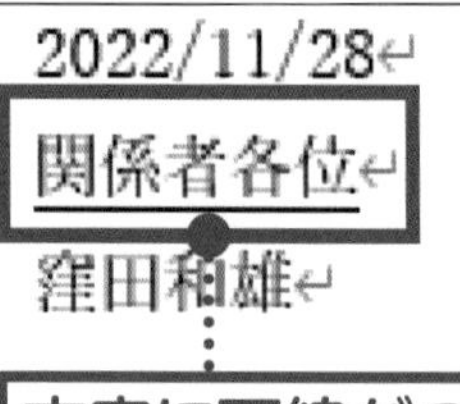

文字に下線がついた

イベント出店売上報告

カントリーフェスティバルに出店したキッ

文字に
下線がつきました。

ポイント
選択した文字以外の場所を左クリックして、選択を解除します。

コラム

文字の飾りを解除する

文字に設定した**飾りを解除**する方法を覚えましょう。

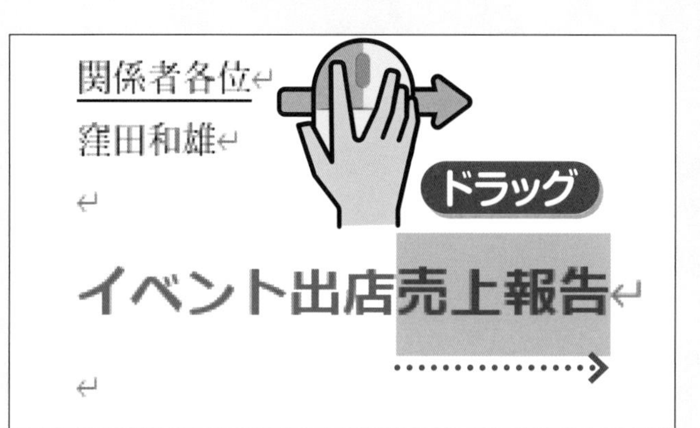

飾りを解除したい文字の上を

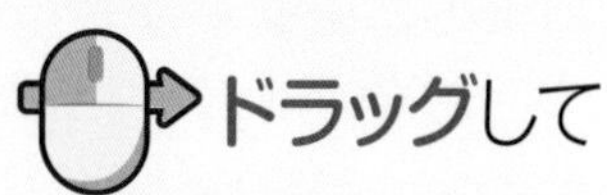

選択します。

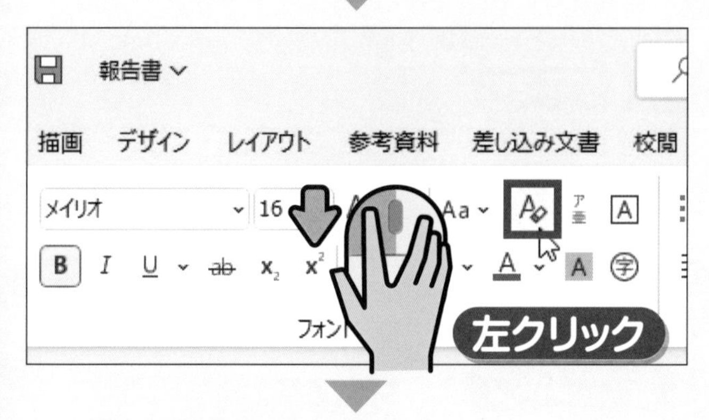

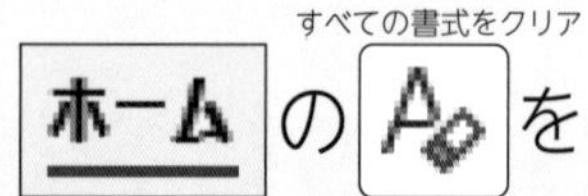

左クリックします。

関係者各位
窪田和雄
イベント出店売上報告

文字の飾りが解除され、元の文字の状態に戻ります。

ポイント

ここから先は、書式を解除しない状態で操作します。書式を解除した場合は、240ページの方法で元に戻します。

07 » 日付と発信者を右に揃えよう

最初は用紙の左に文字が表示されますが、あとから配置を変更できます。
「日付」と「発信者」が、用紙の右に配置されるようにします。

操作

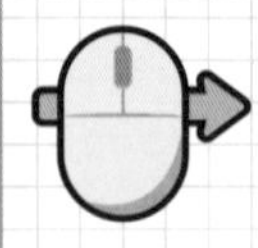

移動 ▶P.012

左クリック ▶P.013

1 日付の行を選択します

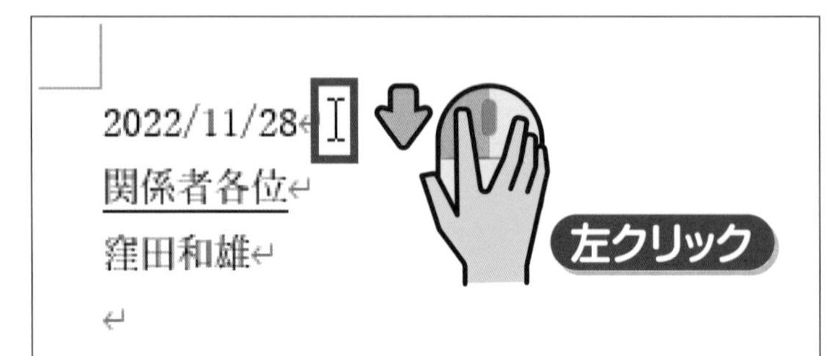

配置を変えたい行を

左クリックします。

ポイント
ここでは「日付」の右側を左クリックします。

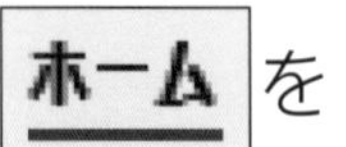

を

左クリックします。

2 日付を右に揃えます

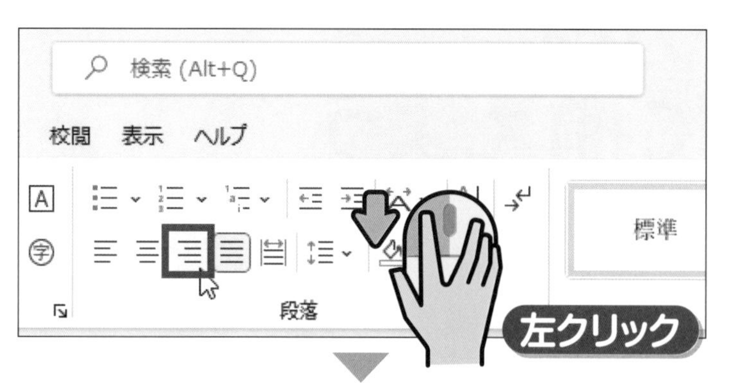

に

を移動して、

左クリックします。

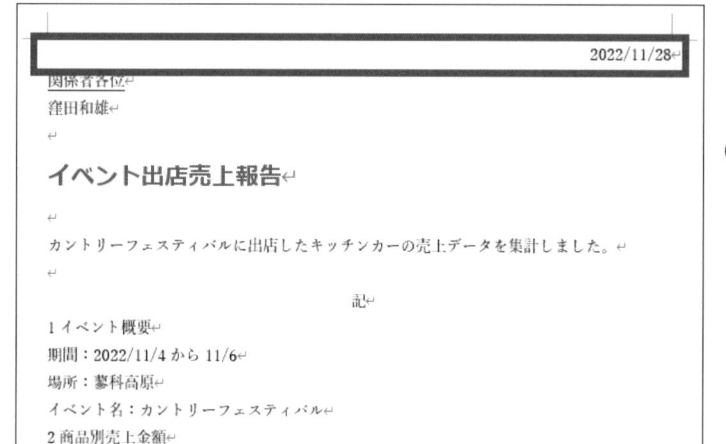

2022/11/28

関係者各位

窪田和雄

イベント出店売上報告

カントリーフェスティバルに出店したキッチンカーの売上データを集計しました。

記

1 イベント概要

期間：2022/11/4 から 11/6

場所：蓼科高原

イベント名：カントリーフェスティバル

2 商品別売上金額

以上

「日付」が行の右側に移動しました。

ポイント

文字の配置を元に戻すには、配置を変えたい段落を左クリックして、もう一度 (右揃え) を左クリックします。

2022/11/28

関係者各位

窪田和雄

イベント出店売上報告

カントリーフェスティバルに出店したキッチンカーの売上データを集計しました。

記

1 イベント概要

期間：2022/11/4 から 11/6

場所：蓼科高原

イベント名：カントリーフェスティバル

2 商品別売上金額

以上

同様の方法で、「窪田和雄」の段落を右側に揃えます。

ポイント

「窪田和雄」の行を左クリックしてから、(右揃え) を左クリックします。

08 » タイトルを中央に揃えよう

タイトルの文字の配置を整えましょう。
ここでは、タイトルが用紙の中央に配置されるようにします。

操作

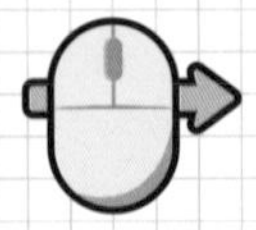

移動 ▶P.012

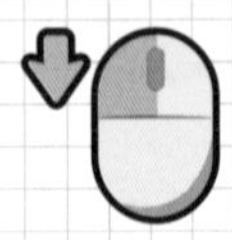

左クリック ▶P.013

1 タイトルの行を選択します

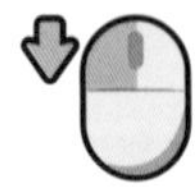

配置を変えたい行を左クリックします。

ポイント
ここでは「イベント出店売上報告」の段落を中央に揃えます。

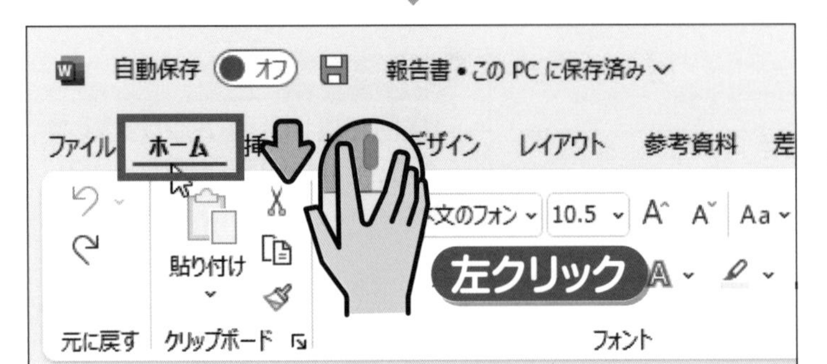

ホーム を左クリックします。

2 タイトルを中央に揃えます

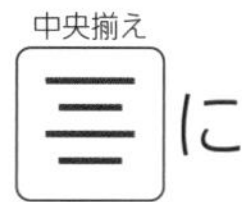

に

を移動して、

左クリックします。

3 タイトルが中央に揃いました

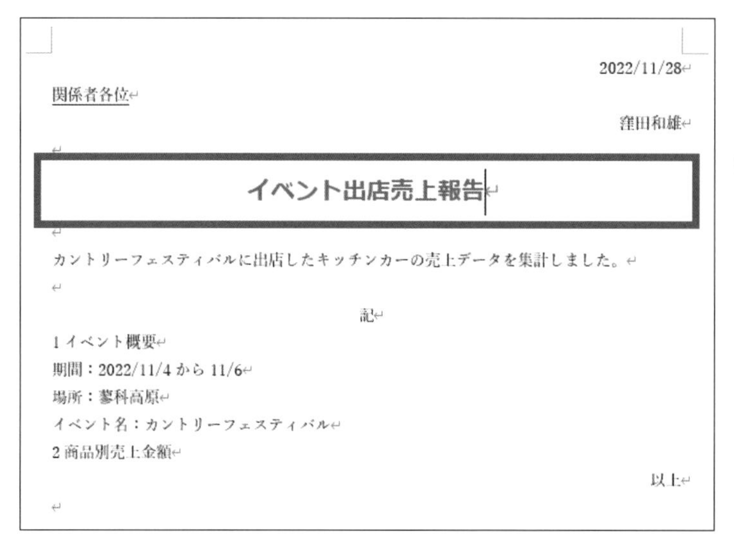

タイトルが行の中央に表示されました。

ポイント

文字の配置を元に戻すには、配置を変えたい段落を左クリックして、もう一度 ☰（中央揃え）を左クリックします。

09 » 箇条書きを作ろう

「期間」「場所」「イベント名」の3行に、箇条書きの書式を設定します。
行頭に記号がついて、項目の区別がはっきりします。

操作

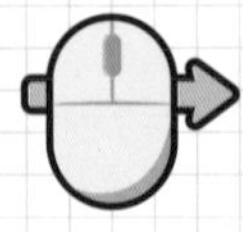

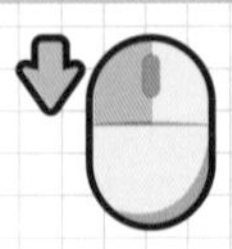

左クリック ▶P.013

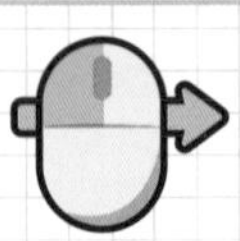

ドラッグ ▶P.015

1 複数の行を選択します

1イベント概要
期間：2022/11/4から11/6
場所：　高原
イベント：　フェスティバル
2商品別売上金額

左クリック

箇条書きにしたい行（ここでは「期間」）の左側に（カーソル）を**移動**して、**左クリック**します。

1イベント概要
期間：2022/11/4から11/6
場所：　科高原
イ　　カントリーフェスティバル
2商

ドラッグ

そのまま下方向に

ドラッグして、3行分を選択します。

2 箇条書きを設定します

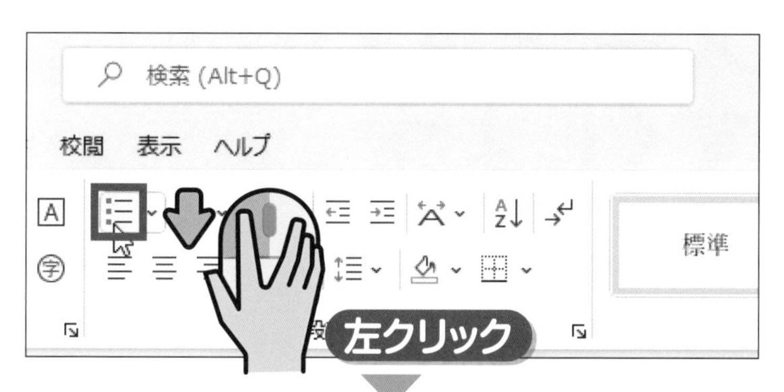

箇条書き
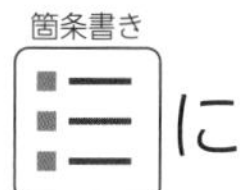
に

カーソル
を移動して、

左クリックします。

1 イベント概要↵
- 期間：2022/11/4 から 11/6↵
- 場所：蓼科高原↵
- イベント名：カントリーフェスティ

2 商品別売上金額↵

行頭に記号がつき、
箇条書きになりました。

コラム

箇条書きに番号をつけるには

箇条書きの行頭に記号ではなく番号をつけたい場合には、

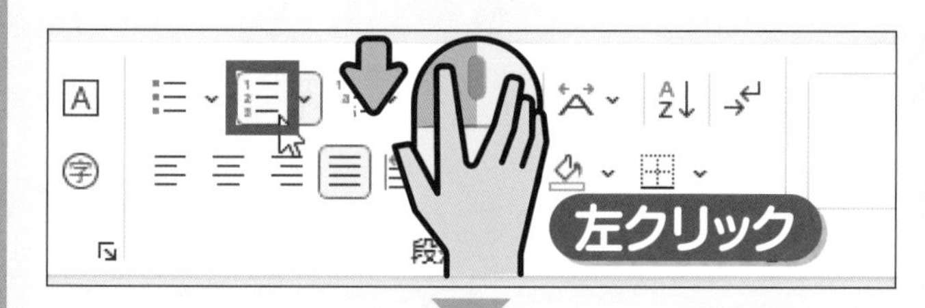

段落番号
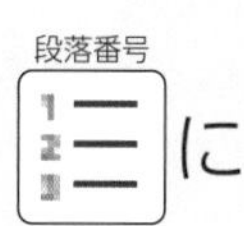
に

カーソル
を移動して、

左クリックします。

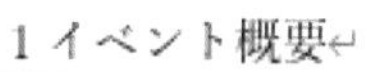
1 イベント概要↵
1. 期間：2022/11/4 から 11/6↵
2. 場所：蓼科高原↵
3. イベント名：カントリーフェスティバル↵

10 » 先頭文字をずらして見やすくしよう

「期間」「場所」「イベント名」の行頭を右にずらします。
行頭の位置をずらすことを、インデントといいます。

操作

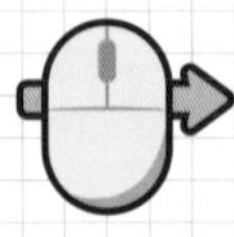

移動 ▶P.012

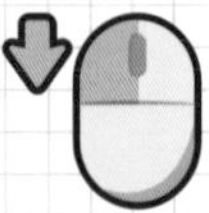

左クリック ▶P.013

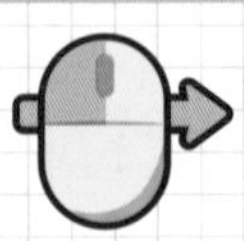

ドラッグ ▶P.015

1 複数の行を選択します

1 イベント概要↵
● 期間：2022/11/4 から 11/6↵
● 場所：蓼科高原↵
● イベント名：カントリーフェスティ
2 商品

行頭の位置を変える行（ここでは「期間」）の左側にカーソルを**移動**して、

左クリックします。

1 イベント概要↵
● 期間：2022/11/4 から 11/6↵
● 場所：蓼科高原↵
● イベント名：カントリーフェスティ
2 商品
ドラッグ

そのまま下方向に

ドラッグして、3行分を選択します。

2 行頭をずらします

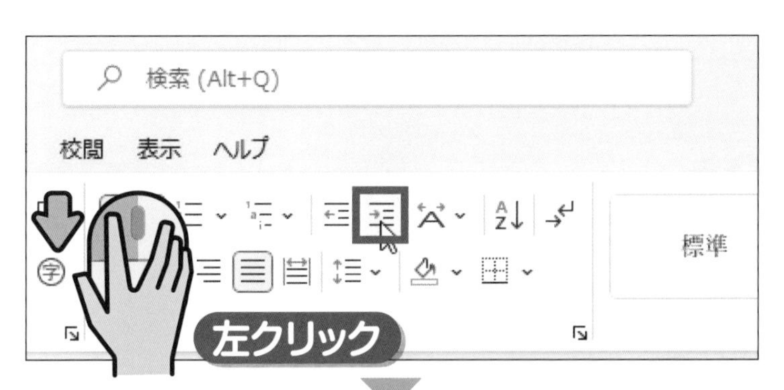

インデントを増やす

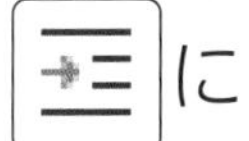
に

カーソル

を移動して、

左クリックします。

1 イベント概要

- 期間：2022/11/4 から 11/6
- 場所：蓼科高原
- イベント名：カントリーフェス

2 商品別売上金額

選択していた行が右にずれました。

ポイント

行頭を1文字分左に戻すには、(インデントを減らす)を左クリックします。

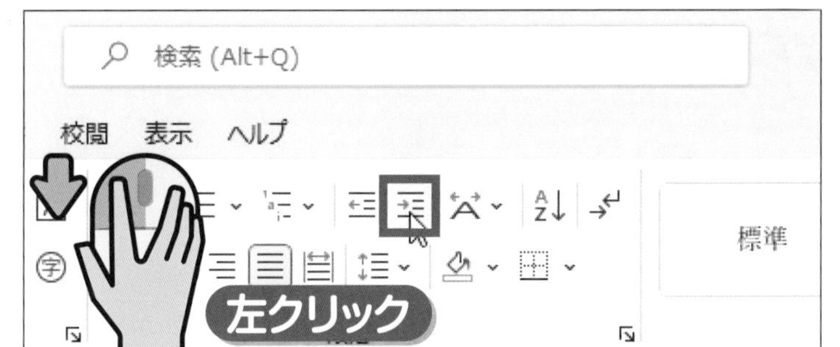

インデントを増やす

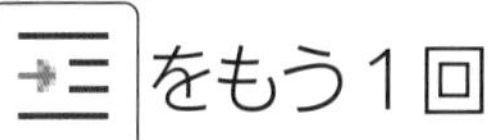
をもう1回

左クリックします。

1 イベント概要

- 期間：2022/11/4 から 11/6
- 場所：蓼科高原
- イベント名：カントリーフ

2 商品別売上金額

選択した行がさらに右にずれました。

ポイント

62ページの方法で上書き保存を行い、ワードを終了します。

練習問題

1 文字に書式をつけるときに、最初にすることは次のうちのどれですか?

❶ 書式の種類を選ぶ

❷ 「ファイル」タブを左クリックする

❸ 書式をつける文字を選択する

2 文字を太字にする時に使うボタンはどれですか?

3 行頭の位置を右にずらすときに使うボタンはどれですか?

❶　❷　❸

第４章

4 ワード文書に写真やイラストを入れよう

この章で学ぶこと

- 文書にイラストを入れられますか?
- イラストの色や向きを変更できますか?
- 文書に写真を入れられますか?
- 写真の大きさを変更できますか?
- イラストや写真の位置を変更できますか?
- ワードで文書を印刷できますか?

01 » この章でやること〜写真とイラストの追加

この章では、文書に写真やイラストを入れて飾ります。
イラストの色や向きを変更したり、大きさや位置を整えたりします。

写真を入れよう

デジタルカメラなどで撮影した**写真**を文書に追加します。
あらかじめ、パソコンに写真を取り込んでおきましょう。

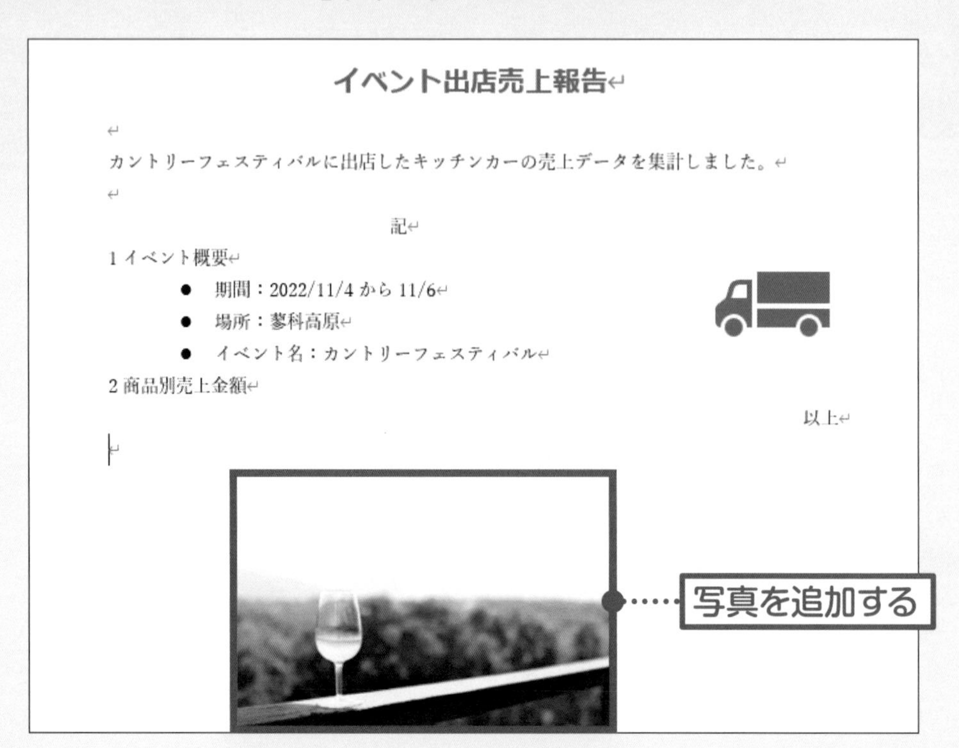

イラストを追加しよう

シンプルな**イラスト**を文書に追加します。
ここでは、ワードの「アイコン」という機能を利用します。

イラストの色や向きを変更しよう

イラストの**色や向き**は、あとから自由に変更できます。

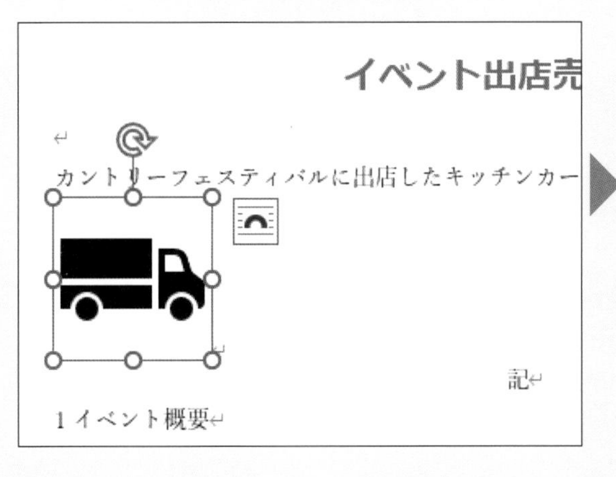

02 » イラストを追加しよう

報告書の内容に合うイラストを入れてみましょう。
ここでは、分類を選択してからイラストを追加します。

1 イラストを入れる準備をします

30ページの方法で、「報告書」を開きます。

イラストを入れる場所を左クリックします。

ポイント
ここでは、「記」の上の行を左クリックしています。

を

左クリックします。

2 イラストを表示します

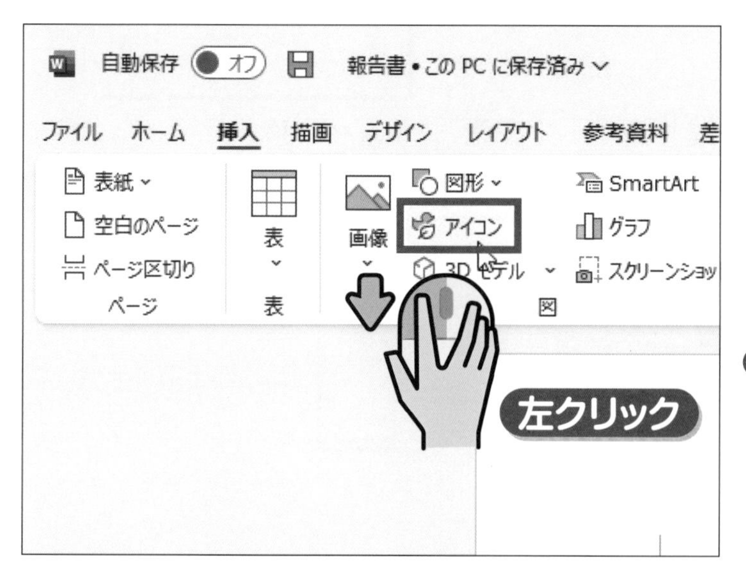

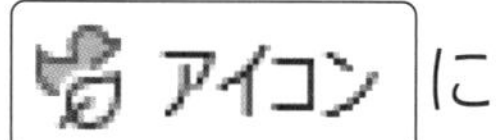

に

カーソル を移動して、

左クリックします。

ここからの操作を行うには、インターネットに接続している必要があります。

3 イラストが表示されます

イラストの一覧が表示されます。

4 イラストを検索します

に「車両」と入力します。キーを押します。

5 イラストを選択します

車両に関するイラストが表示されます。

追加するイラストを

左クリックします。

6 イラストを追加します

挿入 (1) に

カーソルを移動して、

左クリックします。

7 イラストが追加されました

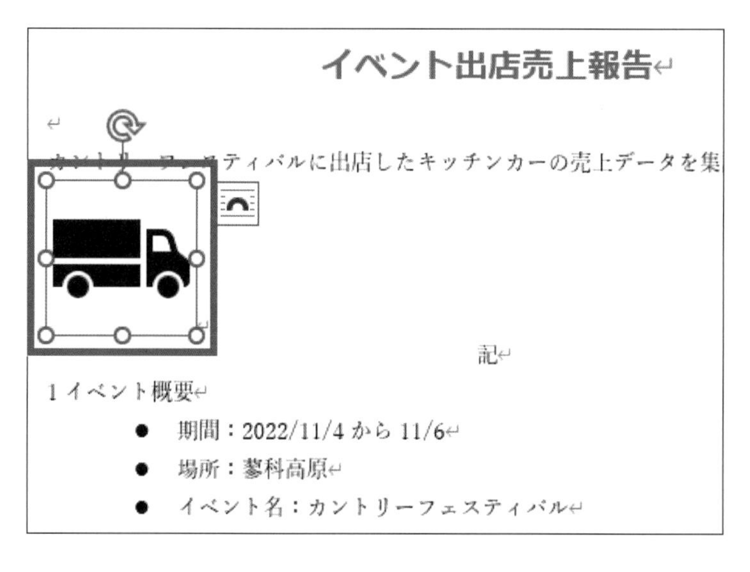

イラストが
追加されました。

03 » イラストの色を変更しよう

イラストは、最初は黒色ですが、あとから色を変更できます。
ここでは、青色のイラストに変更します。

1 イラストを選択します

イラストの上に

を移動して、

左クリックします。

を

左クリックします。

2 イラストの色を変更します

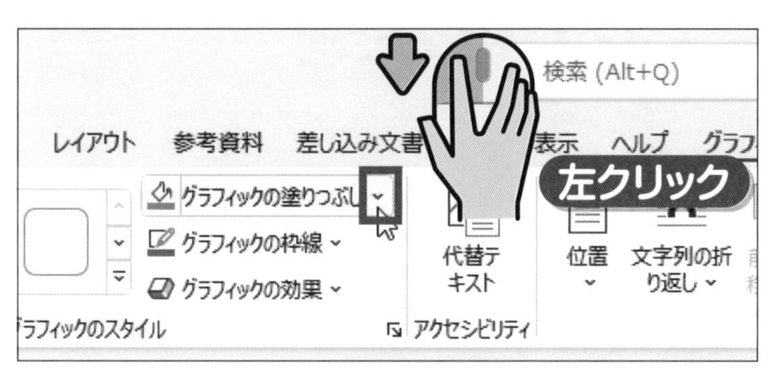

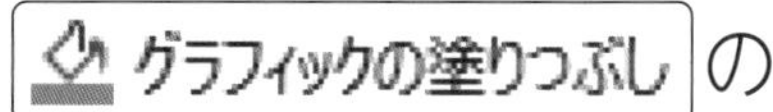の右側の[⌄]を左クリックします。

色の一覧が表示されます。

変更したい色を左クリックします。

ポイント
ここでは、「青、アクセント1」を選択しています。

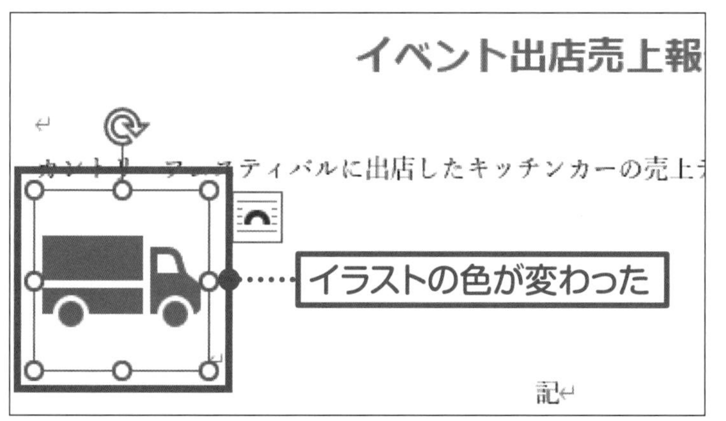

イラストの色が変わりました。

04 » イラストの向きを変更しよう

イラストの向きは、あとから自由に回転できます。
ここでは、イラストを左右に反転します。

操作

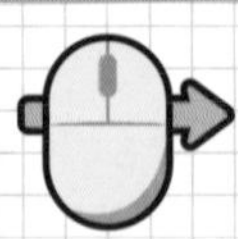

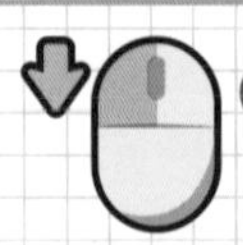

1 イラストを選択します

イラストの上に

カーソルを移動して、

左クリックします。

グラフィックス形式 を

左クリックします。

2 イラストを反転します

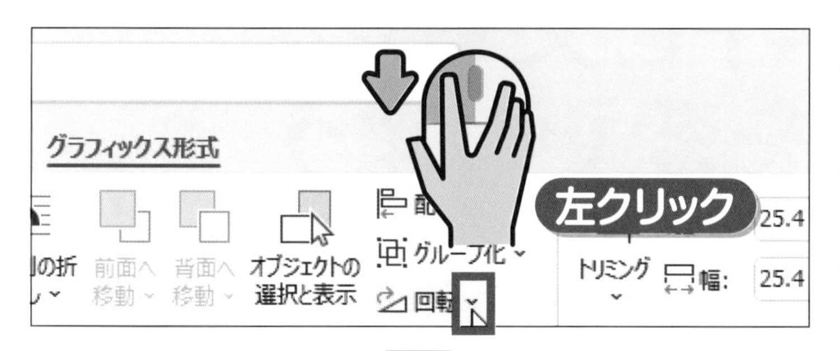

の右側の⌄を左クリックします。

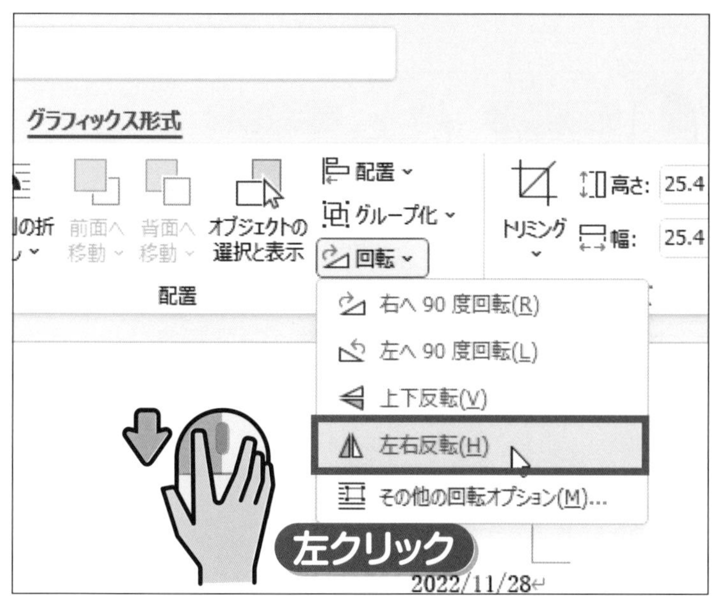

に

カーソルを移動して、

左クリックします。

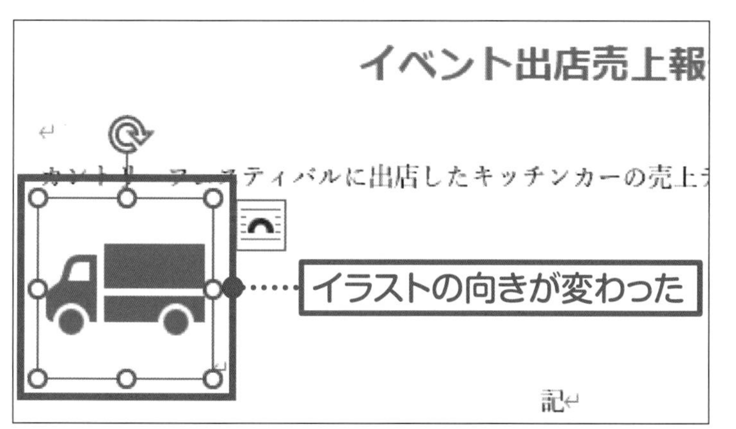

イラストの向きが
変わりました。

05 » イラストと文章の位置を変更しよう

イラストを好きな位置に移動するには、設定の変更が必要です。
ここでは、イラストを箇条書きの右側に移動します。

操作

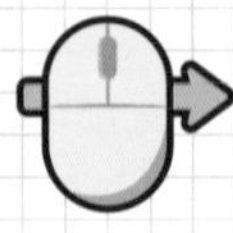
移動 ▶P.012

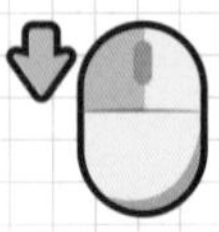
左クリック ▶P.013

ドラッグ ▶P.015

1 イラストを選択します

関係者各位

イベント出店売上報

カントリーフェスティバルに出店したキッチンカーの売上

左クリック

記

1イベント概要

- 期間：2022/11/4 から 11/6
- 場所：蓼科高原

イラストの上に

カーソル

左クリックします。

イラストや写真は、すべてこの操作で移動できるようになります！

2 イラストが選択されます

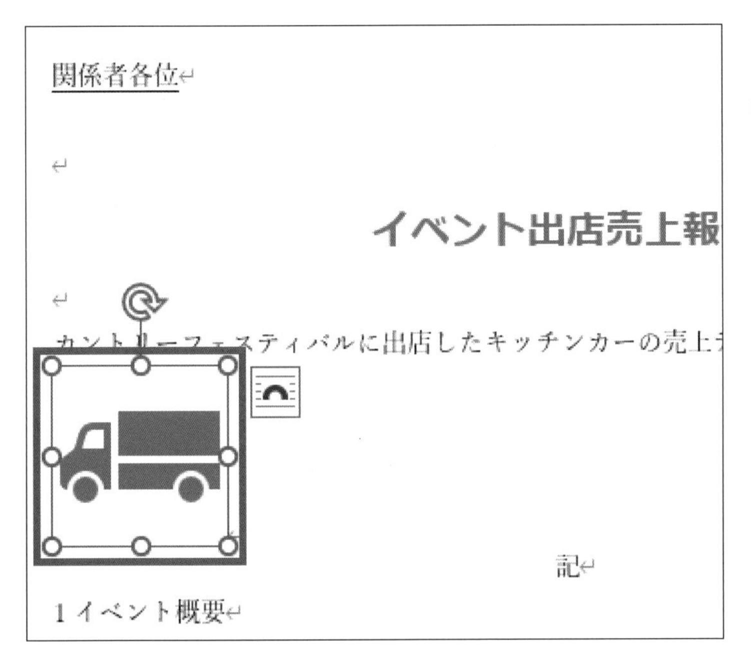

イラストが
〇（ハンドル）で
囲まれて、
選択されます。

3 イラストの配置を変更する準備をします

レイアウトオプション に

カーソル を移動して、

左クリックします。

4 文字の折り返し位置を変更します

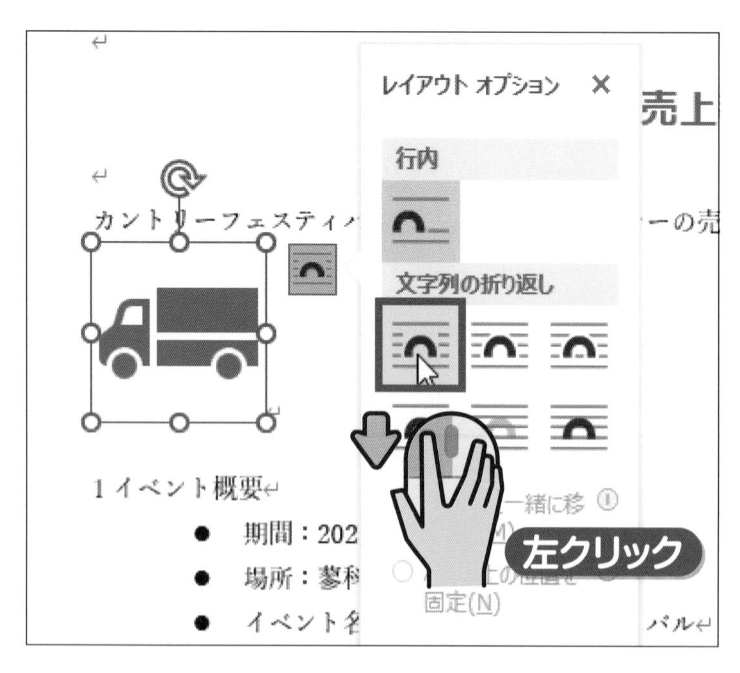

表示されるメニューの

四角形

を

これで、
イラストを自由に
移動できるように
なります。

5 カーソルを移動します

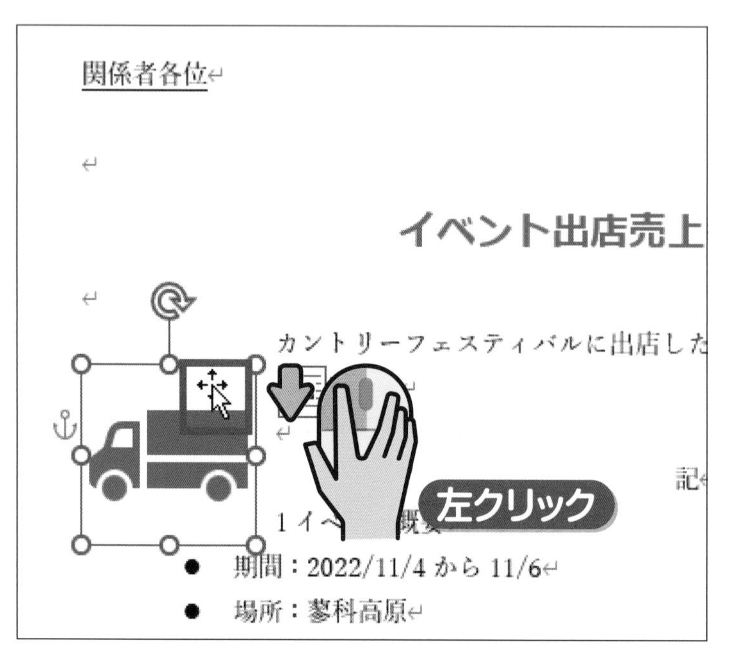

イラストの上に

カーソル

カーソル

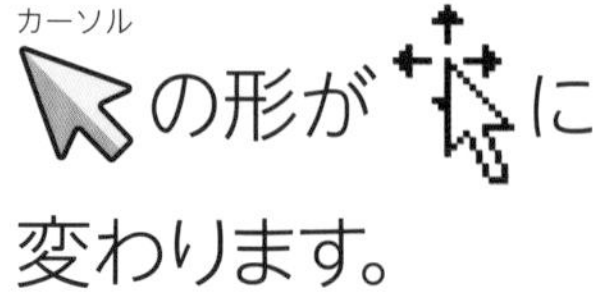

変わります。

6 イラストを移動します

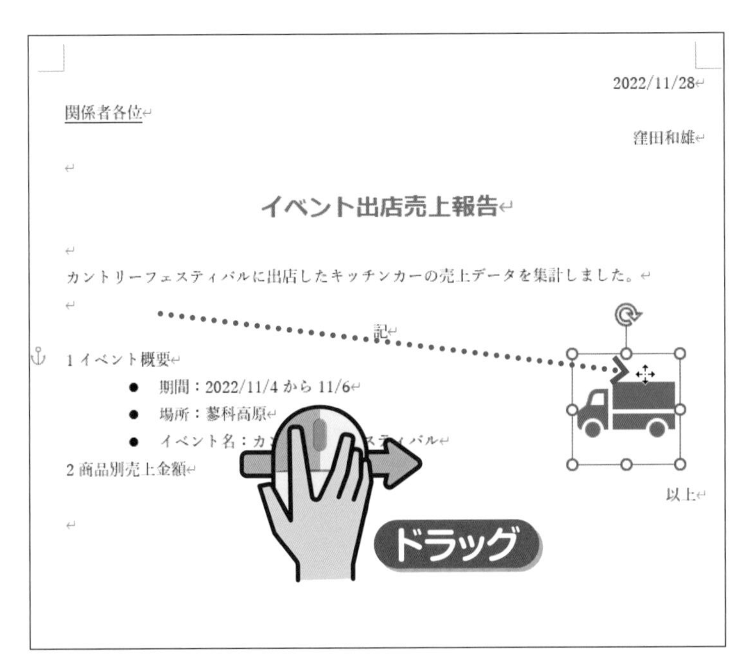

2022/11/28

関係者各位

窪田和雄

イベント出店売上報告

カントリーフェスティバルに出店したキッチンカーの売上データを集計しました。

記

1 イベント概要

- 期間：2022/11/4 から 11/6
- 場所：蓼科高原
- イベント名：カン…スティバル

2 商品別売上金額

以上

イラストを
移動したい場所まで
ドラッグします。

ここでは
箇条書きの右側に
移動します。

7 イラストが移動しました

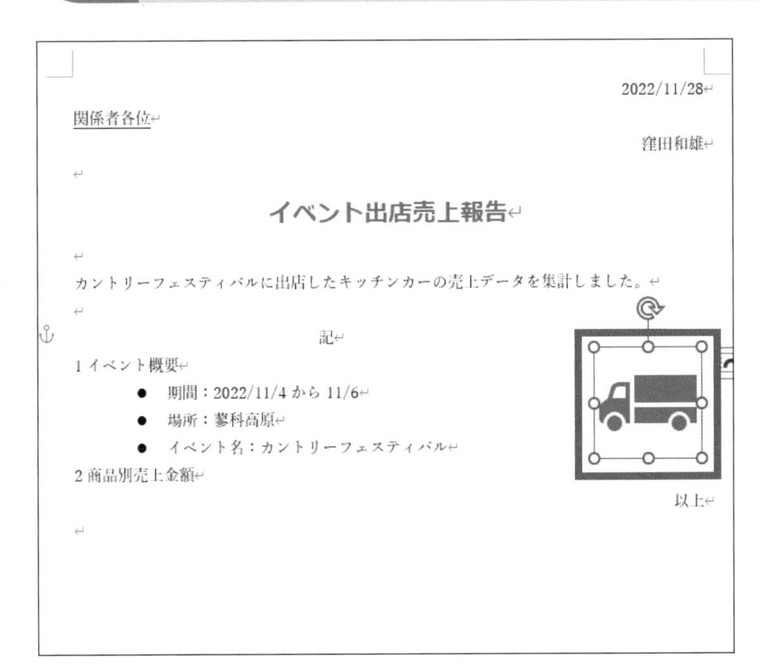

2022/11/28

関係者各位

窪田和雄

イベント出店売上報告

カントリーフェスティバルに出店したキッチンカーの売上データを集計しました。

記

1 イベント概要

- 期間：2022/11/4 から 11/6
- 場所：蓼科高原
- イベント名：カントリーフェスティバル

2 商品別売上金額

以上

イラストが
移動しました。

06 » 写真を追加しよう

報告書に写真を追加します。
あらかじめ、写真のデータをパソコンに保存しておきましょう。

1 写真を入れる準備をします

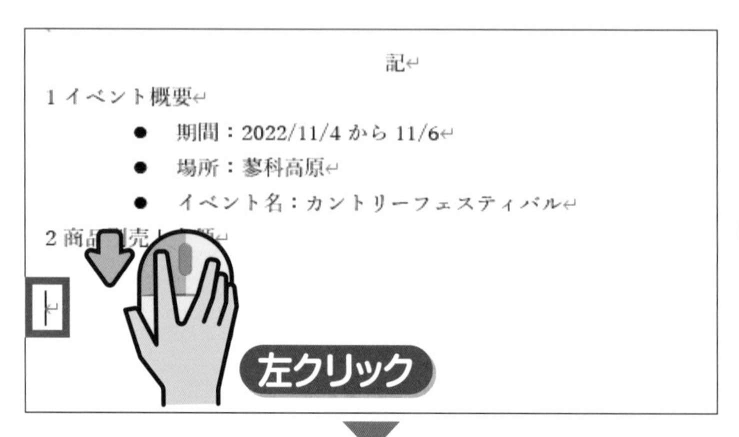

写真を入れる場所を

左クリックします。

ポイント
ここでは、最終行を左クリックしています。

挿入 を

左クリックします。

2 写真を選ぶメニューを表示します

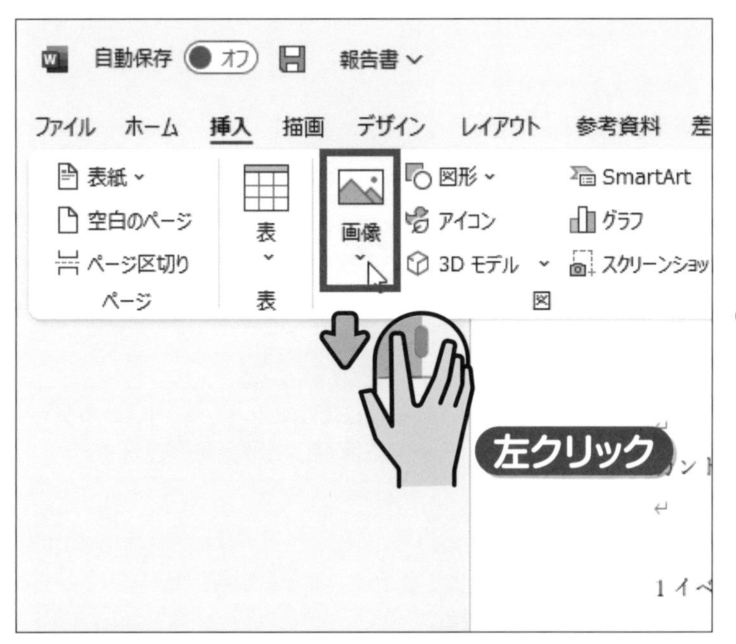

を

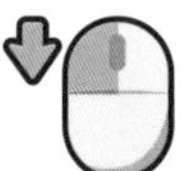
左クリックします。

ポイント

ここからの操作は、「ピクチャ」フォルダーに保存したファイルを使用します。

3 写真がある場所を選びます

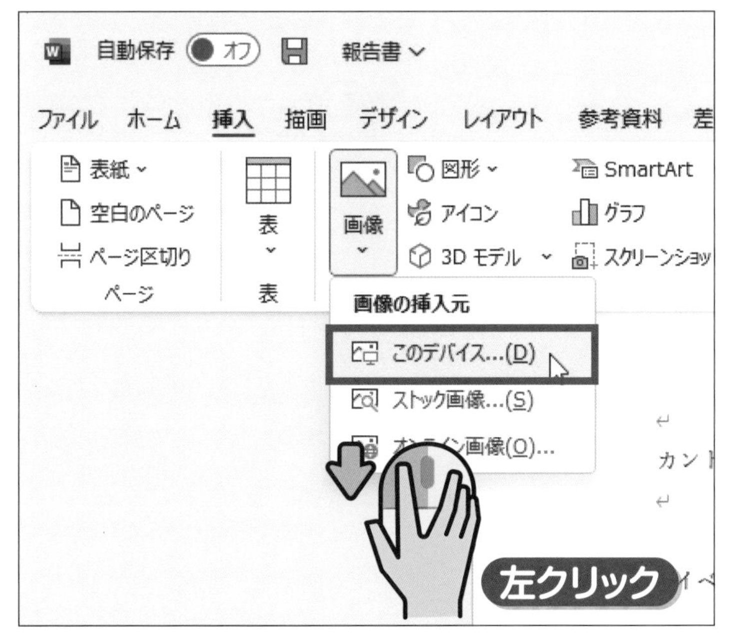

このデバイス...(D) を

4 写真の保存場所を選びます

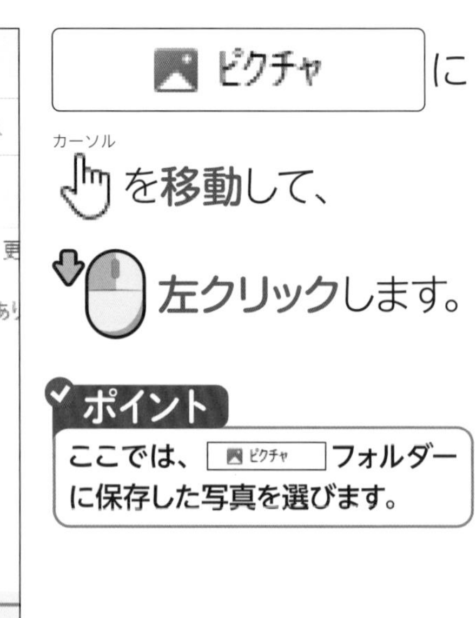

ピクチャ に

カーソル（マウスポインター）を移動して、

左クリックします。

ポイント

ここでは、ピクチャ フォルダーに保存した写真を選びます。

5 写真を追加します その1

追加する写真を

左クリックします。

6 写真を追加します その2

に

カーソル
を移動して、

左クリックします。

7 写真が追加されました

文書に写真が
追加されました。

07 » 写真の大きさを変更しよう

写真の大きさを変える方法を覚えましょう。
ここでは、追加した写真を小さく表示します。

操作

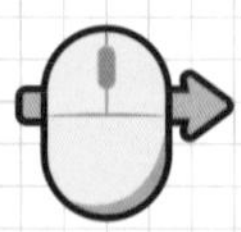

移動 ▸P.012

左クリック ▸P.013

ドラッグ ▸P.015

1 写真を選択します

写真の上に

カーソルを**移動**して、

左クリックします。

写真が○（ハンドル）で
囲まれて、
選択されます。

2 写真を小さくします

写真の右下の

〇(ハンドル)に

カーソル

を**移動**します。

カーソル

の形がに

変わります。

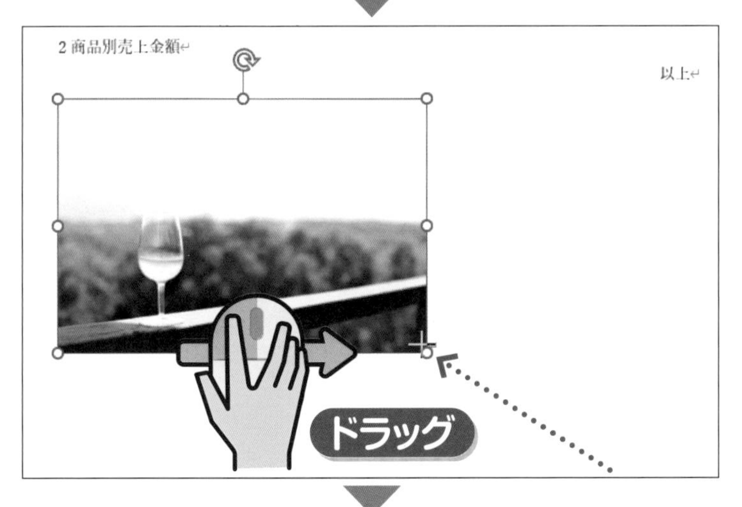

左上の方向へ

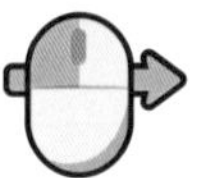**ドラッグ**します。

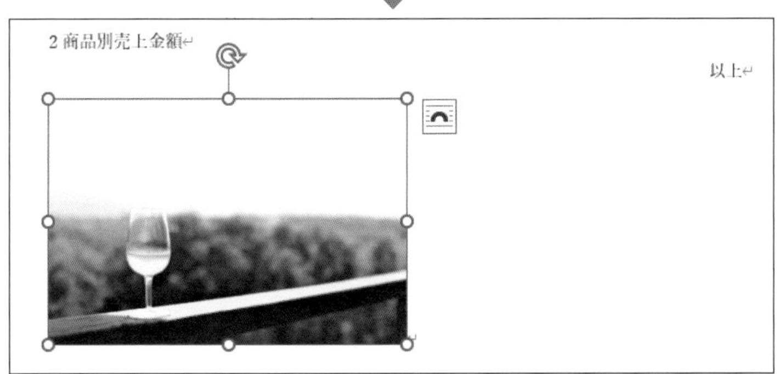

写真が

小さくなりました。

08 » 写真の配置を変更しよう

写真の配置を変更します。
ここでは、写真を文書の下に移動します。

操作

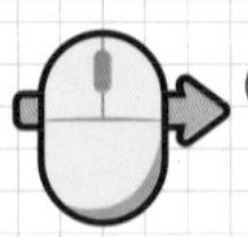

1 写真を選択します

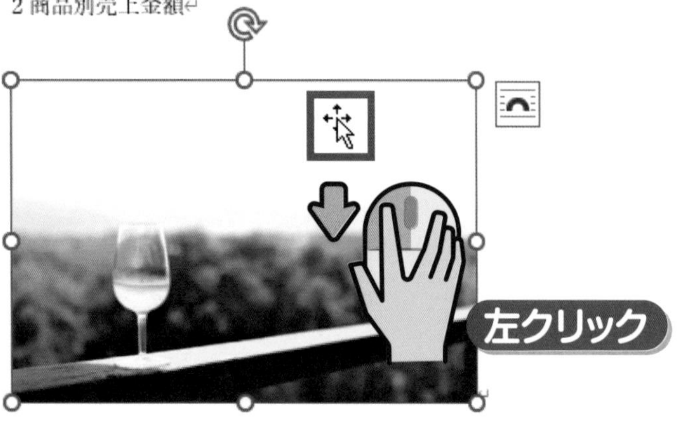

写真の上に

カーソルを移動して、

左クリックします。

2 配置を変更する準備をします　その1

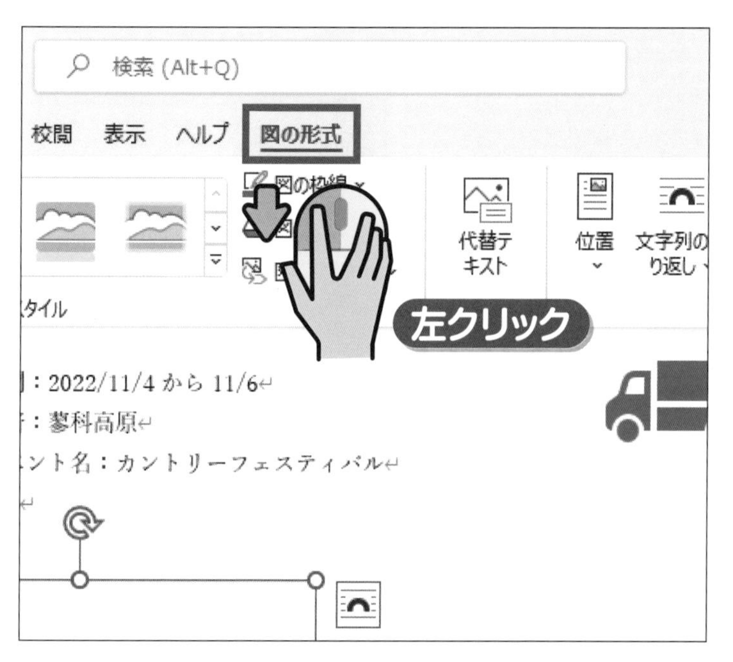

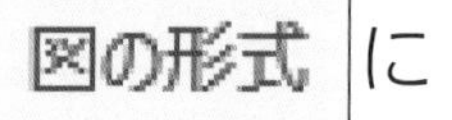

に

カーソルを移動して、

左クリックします。

3 配置を変更する準備をします　その2

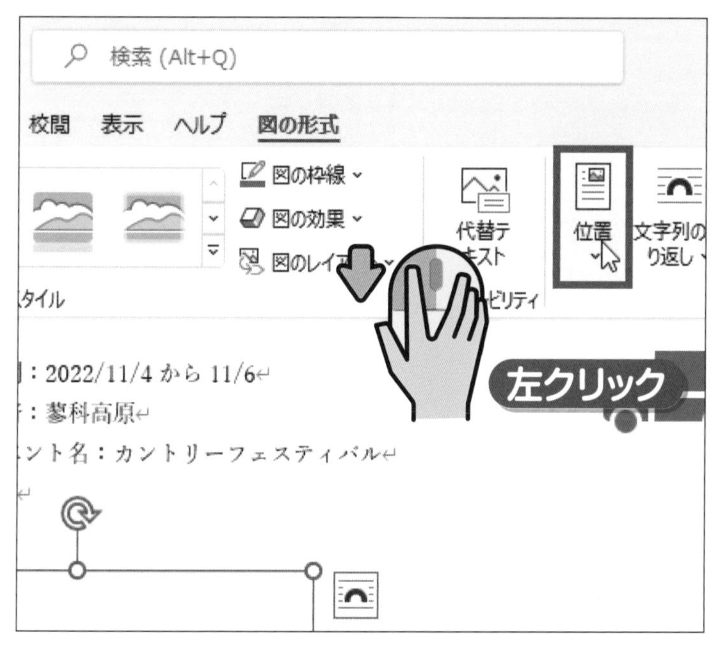

を

左クリックします。

4 写真の位置を指定します

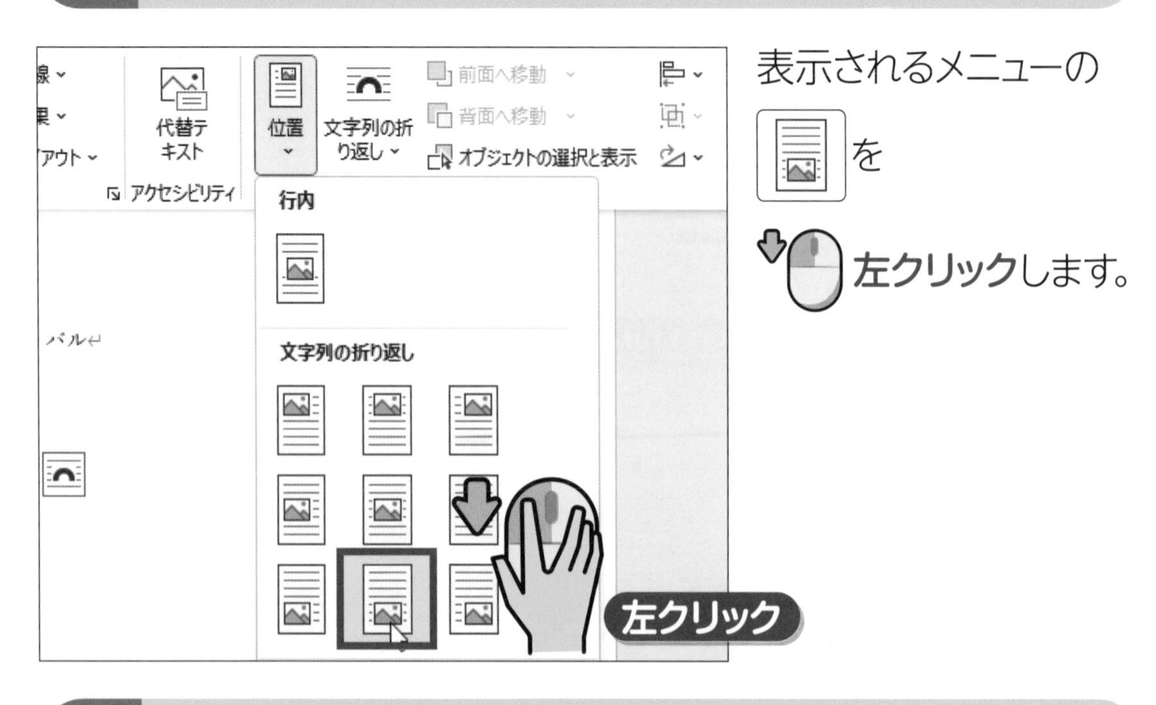

表示されるメニューの [アイコン] を 左クリックします。

5 写真が移動しました

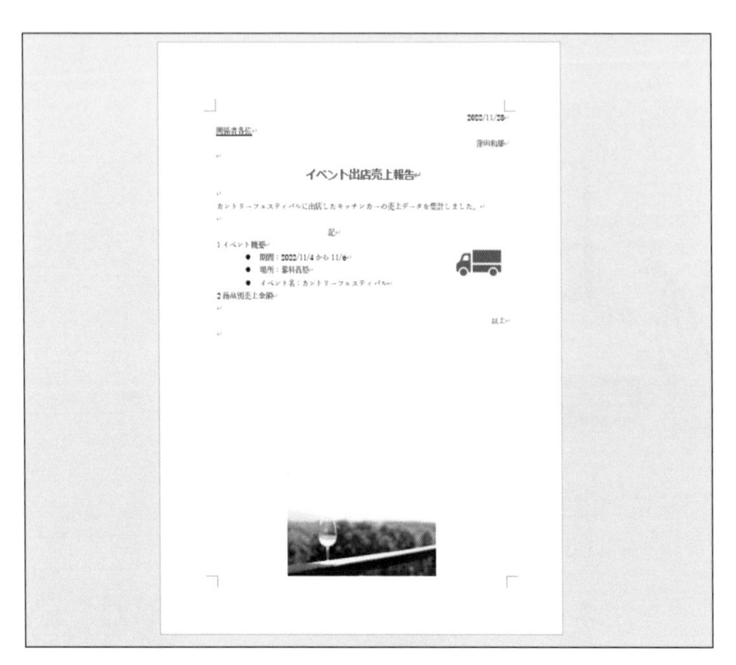
関係者各位

イベント出店売上報告

カントリーフェスティバルに出店したキッチンカーの売上データを集計しました。

記

1 イベント概要

- 期間：2022/11/4 から 11/6
- イベント名：カントリーフェスティバル

2 商品別売上金額

以上

写真が文書の下中央に移動しました。

コラム

あとからドラッグして移動できる

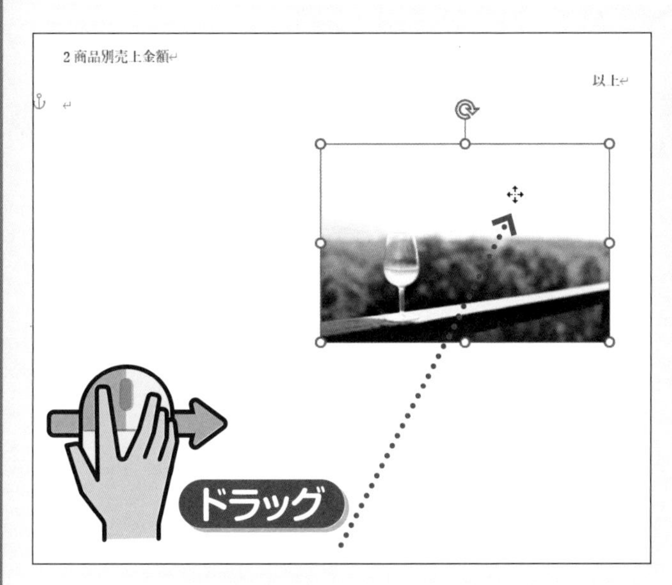

手順❺のあとで写真を移動したい場所まで

写真を好きな位置に移動できます。

コラム

「位置」に表示されるメニュー

手順❹で表示されるメニューは、次の通りです。

アイコン	説明
	文書の**左上**に写真を表示します
	文書の**上中央**に写真を表示します
	文書の**右上**に写真を表示します
	文書の**左中央**に写真を表示します
	文書の**中心**に写真を表示します

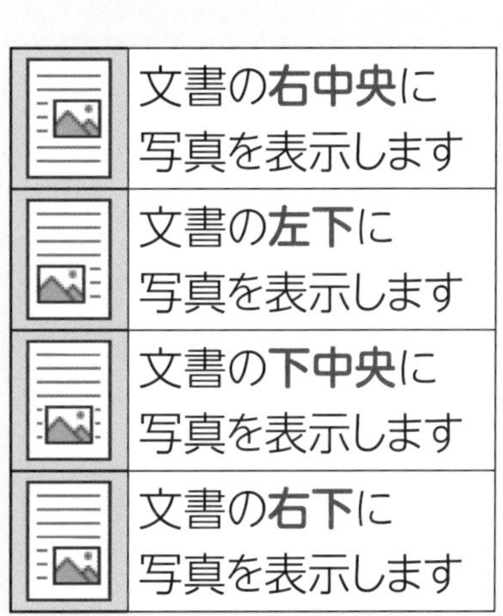

アイコン	説明
	文書の**右中央**に写真を表示します
	文書の**左下**に写真を表示します
	文書の**下中央**に写真を表示します
	文書の**右下**に写真を表示します

09 » ワードで文書を印刷しよう

作成した報告書を印刷しましょう。
最初に印刷イメージを確認してから印刷を実行します。

1 「ファイル」タブを左クリックします

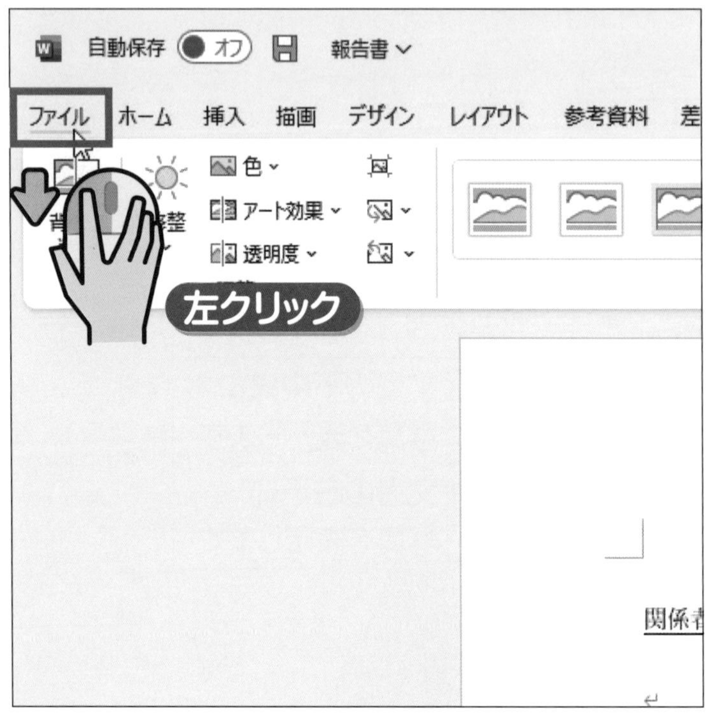

プリンターの準備を整えておきます。

ファイル に カーソル を移動して、左クリックします。

2 印刷イメージを表示します

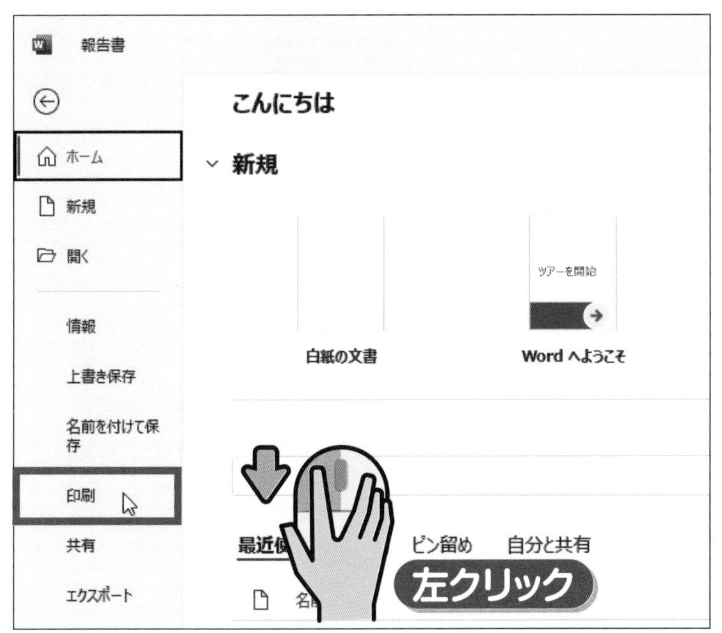

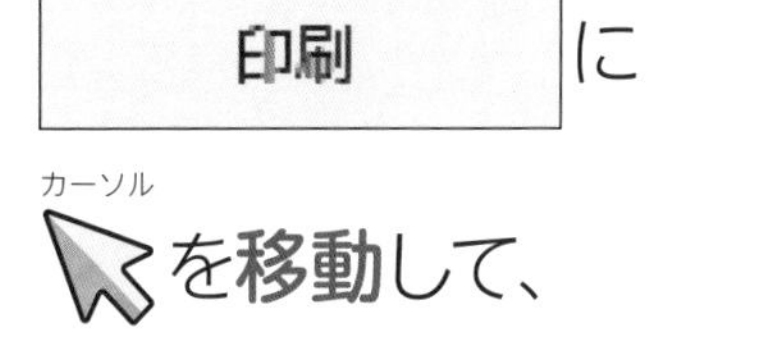

印刷 に カーソル を移動して、

左クリックします。

3 印刷イメージが表示されました

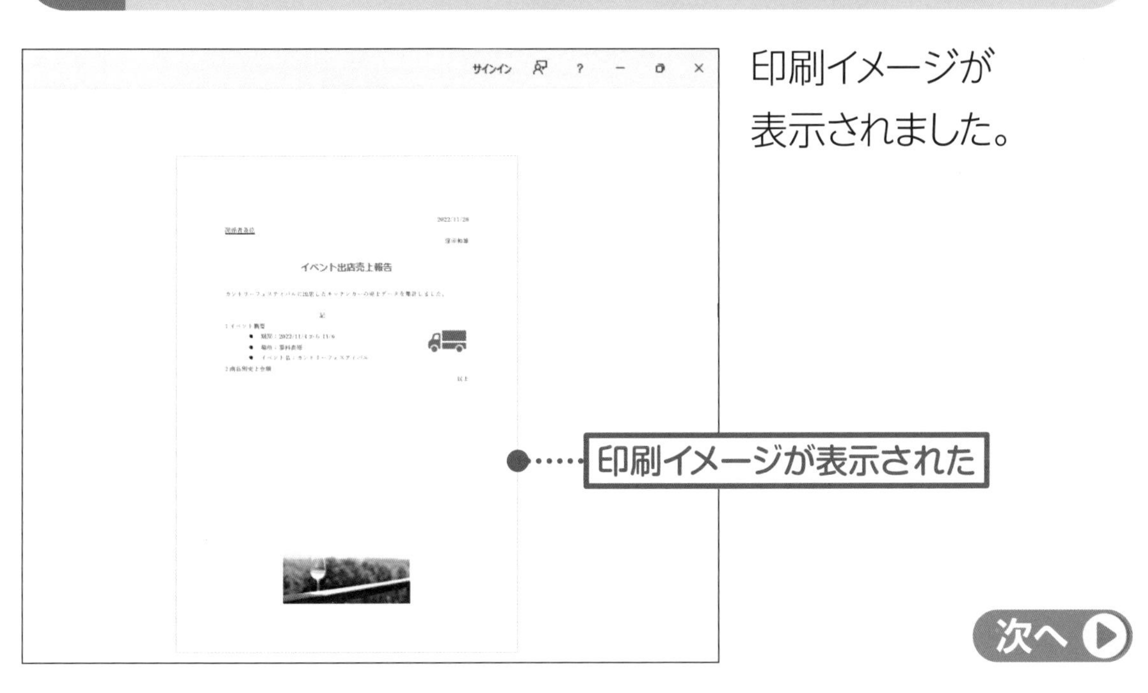

印刷イメージが表示されました。

次へ

4 プリンターを確認します

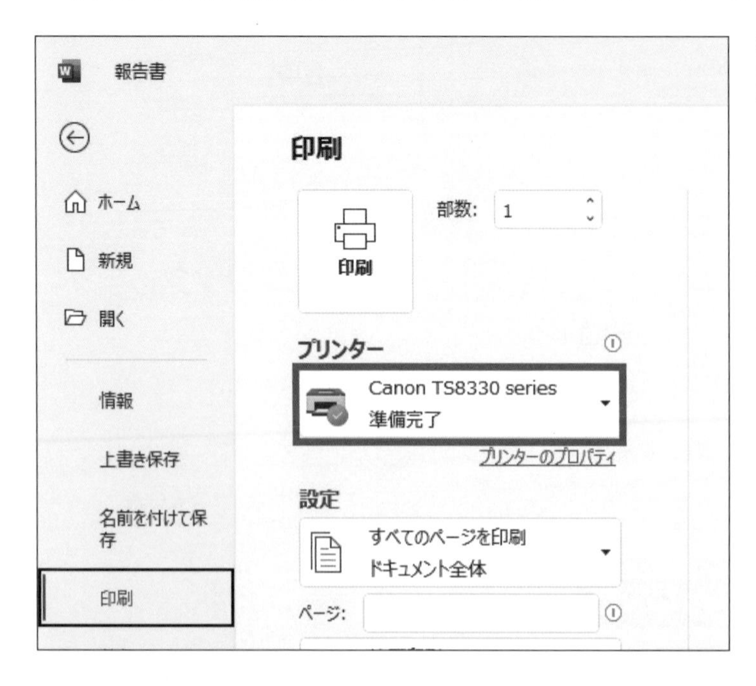

プリンター に、
印刷を行う
プリンターの名前が
表示されていることを
確認します。

5 印刷部数を入力します

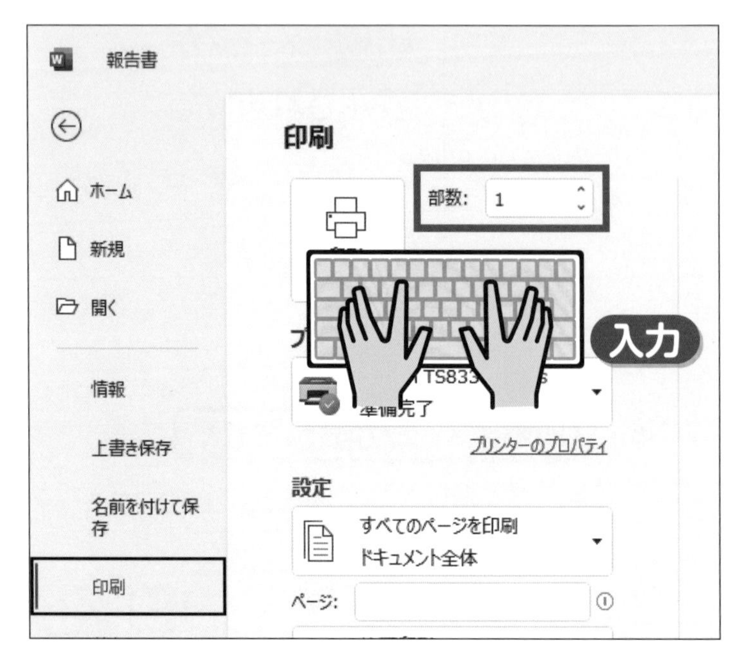

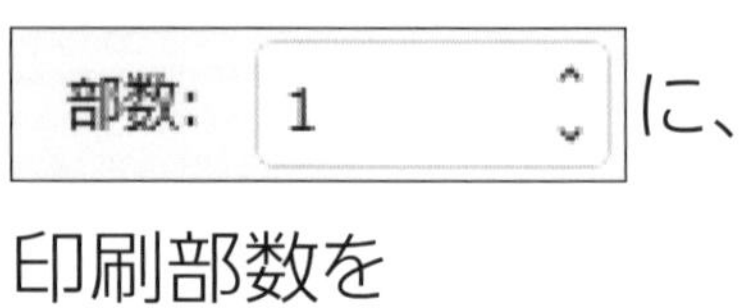

に、
印刷部数を

入力します。

6 印刷を実行します

を

左クリックします。

ポイント

印刷が始まらない場合は、プリンターの電源が入っているか、用紙がセットされているかなどを確認しましょう。

7 印刷できました

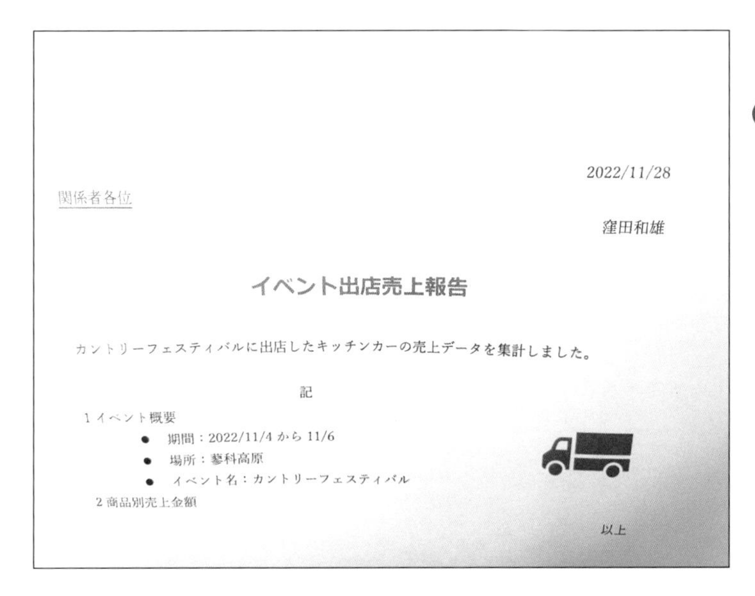

印刷が行われました。

ポイント

62ページの方法で上書き保存を行い、ワードを終了します。

第4章

練習問題

1 パソコンに保存してある写真を追加するときに、左クリックするボタンはどれですか?

❶ 

❷ 

❸ 

2 アイコンや写真の大きさを変更するときに、ドラッグする場所はどこですか?

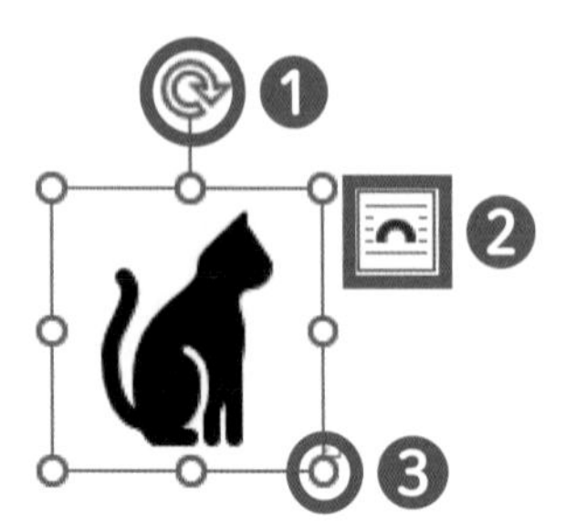

3 文書を印刷するときに、最初に左クリックするタブはどれですか?

❶ 

❷ 

❸ 

第5章

5 エクセルの基本操作を覚えよう

この章で学ぶこと

- エクセルを起動できますか?
- エクセル画面の各部の名称がわかりますか?
- ファイルを保存できますか?
- エクセルを正しく終了できますか?
- 保存したファイルを開けますか?

01 » エクセルを起動しよう

アプリを使えるように準備することを起動といいます。
Windows 11でエクセルを起動してみましょう。

操作

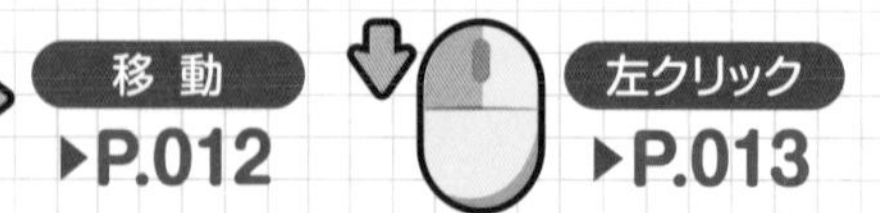
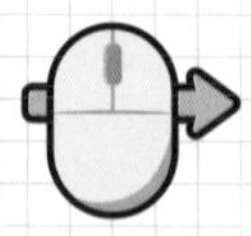
移動 ▸P.012

左クリック ▸P.013

回転 ▸P.010

1 「スタート」ボタンを左クリックします

画面下の スタートボタン を 左クリックします。

スタートメニューが表示されます。

すべてのアプリ > を 左クリックします。

2 アプリの一覧が表示されます

マウスのホイールを

回転します。

に

カーソル

を移動して、

左クリックします。

3 エクセルが起動します

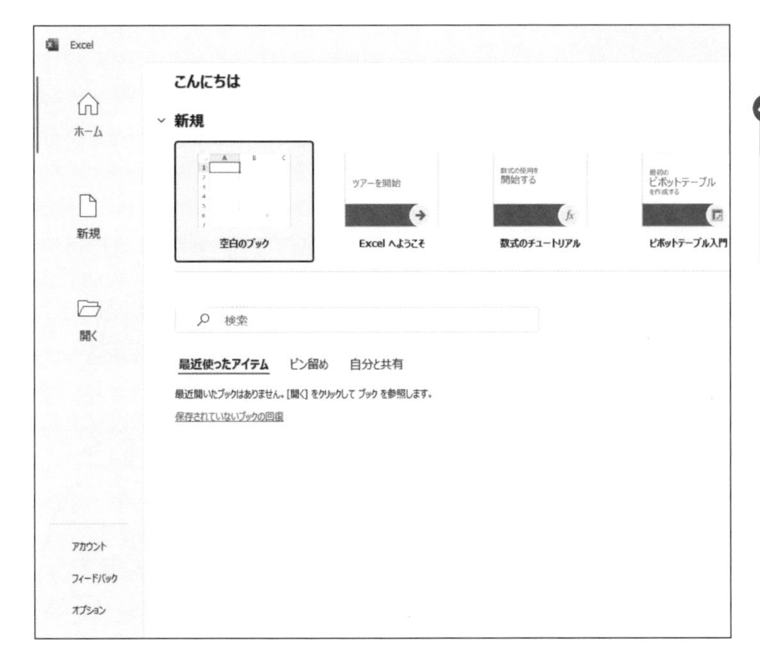

エクセルが起動します。

ポイント

「ライセンス契約に同意します」と表示されたら、「同意する」を左クリックします。

02 » 新しいファイルを開こう

エクセルで新しい表を作るには、空白のブックを選択します。
空白のブックには、セルを区切る線が表示されています。

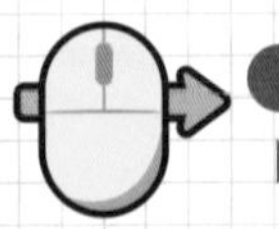

▶P.012

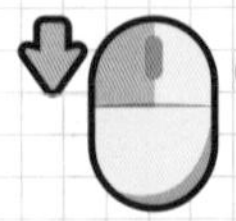

▶P.013

1 新しいファイルを表示します

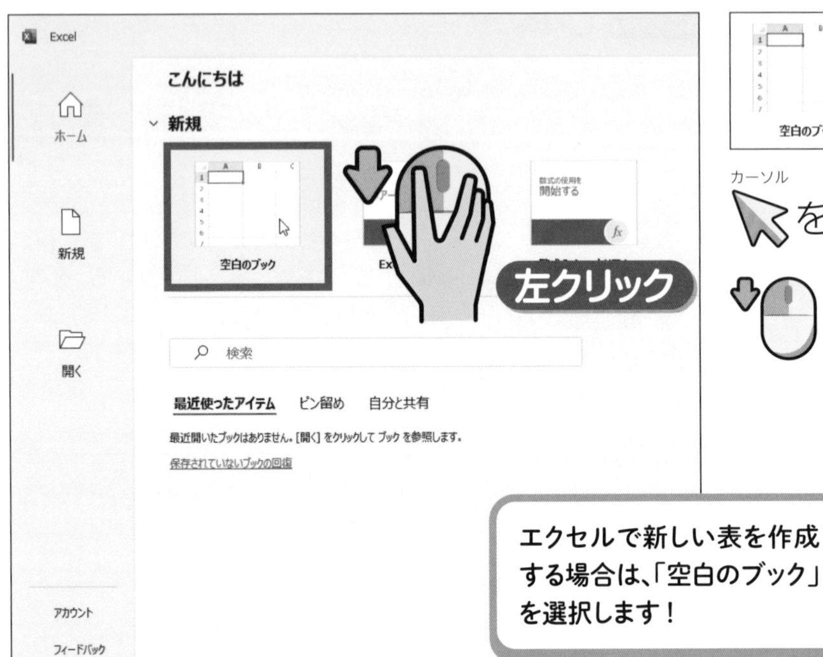

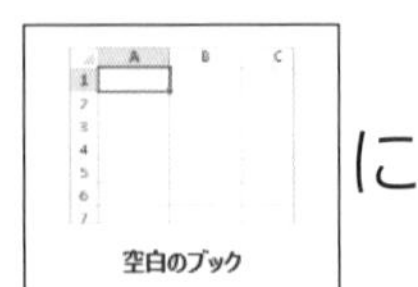

に

カーソル を移動して、

左クリックします。

エクセルで新しい表を作成する場合は、「空白のブック」を選択します！

2 新しいファイルが表示されました

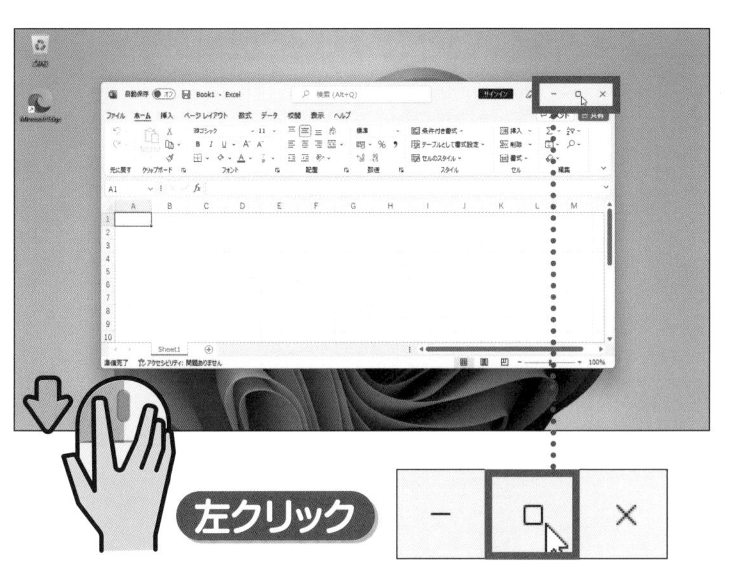

新しいファイルが表示されます。

最大化

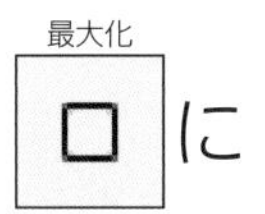 に

カーソル

 を移動して、

 左クリックします。

3 エクセルの画面が大きくなりました

エクセルが画面いっぱいに大きくなりました。
これで表を作成する準備ができました。

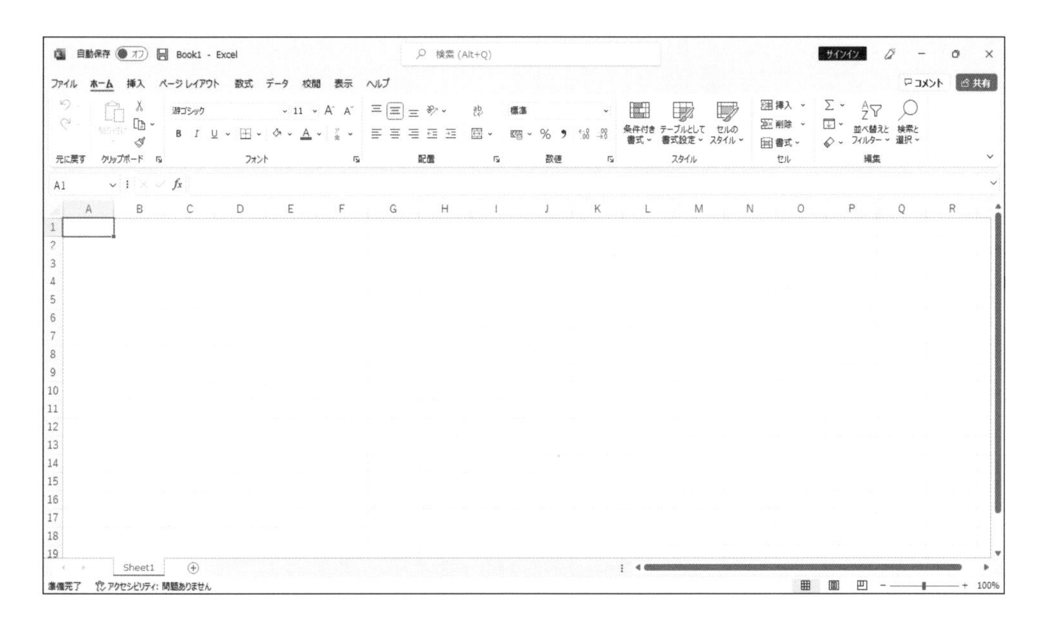

03 » エクセルの画面を確認しよう

ここでは、エクセルの画面を構成している各部の名前と役割を確認しましょう。ここでの名称は操作に必要なので、覚えておいてください。

エクセルの画面

エクセルの画面は、次のようになっています。

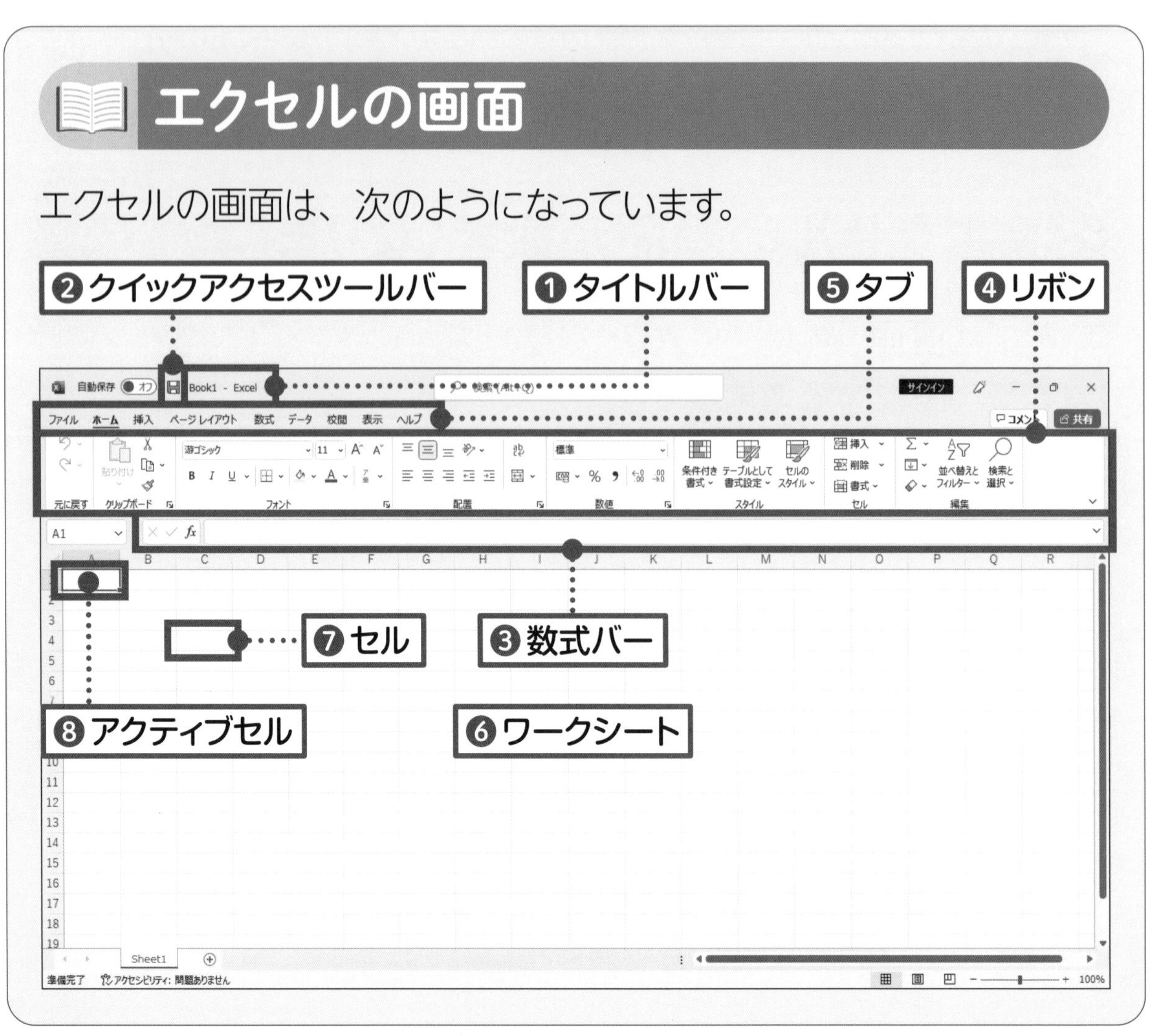

 各部の役割

❶タイトルバー

現在開いているファイルの名前
(ここでは「Book1」)が表示されます。

❷クイックアクセスツールバー

よく使うボタンが表示されています。
最初は1つだけ表示されます。

❸数式バー

セルに入力したデータが表示されます。

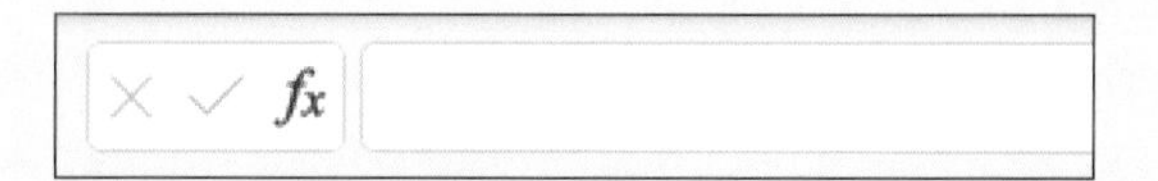

❹リボン/❺タブ

よく使う機能が、分類ごとにまとめられて並んでいます。タブを左クリックすると、リボンの内容が切り替わります。

❻ワークシート

表やグラフを作る用紙です。

❼セル

データを入力するためのマス目です。

❽アクティブセル

選択されて、操作できる状態になっているセルです。セルの周りが太線で囲まれます。

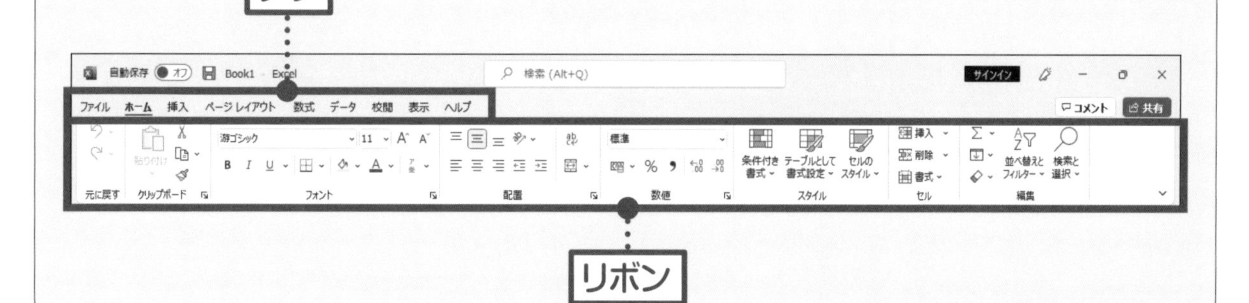

04 » セルのしくみを理解しよう

エクセルでは、セルにデータを入力して表を作成します。
ここでは、エクセル操作の基本であるセルのしくみを確認しましょう。

 セルって何？

エクセルのワークシートには、たくさんのマス目があります。
このマス目のことを**セル**と呼びます。
セルを区別するために、**列の英字**と**行の数字**を組み合わせて
「B2」セルや「A3」セルなどと呼びます。
これを**セル番地**といいます。

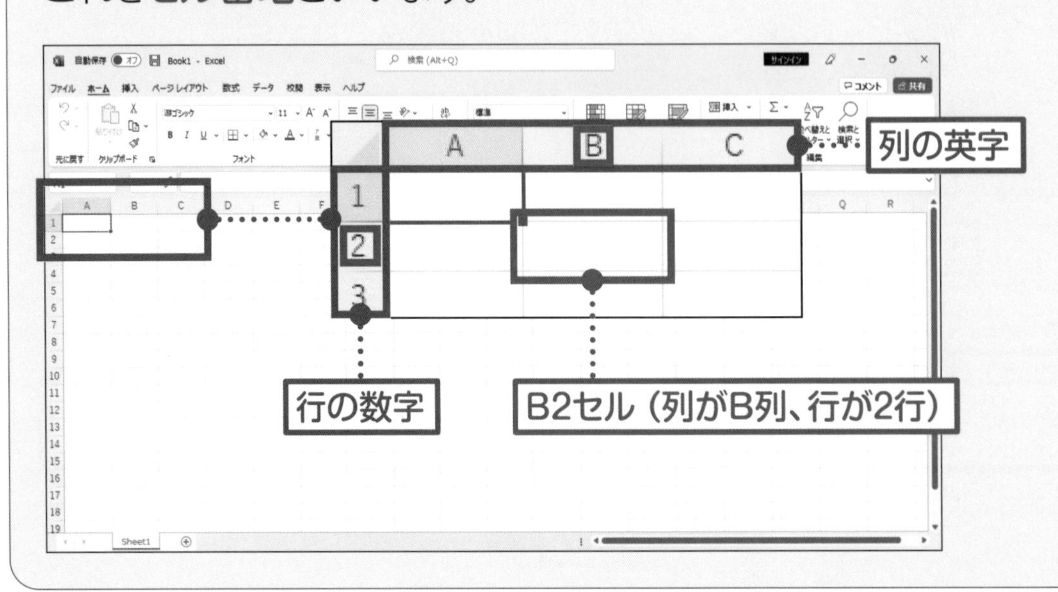

セルのしくみ　その1

セルのマス目に数字や文字を入れると、**そのまま表示**されます。

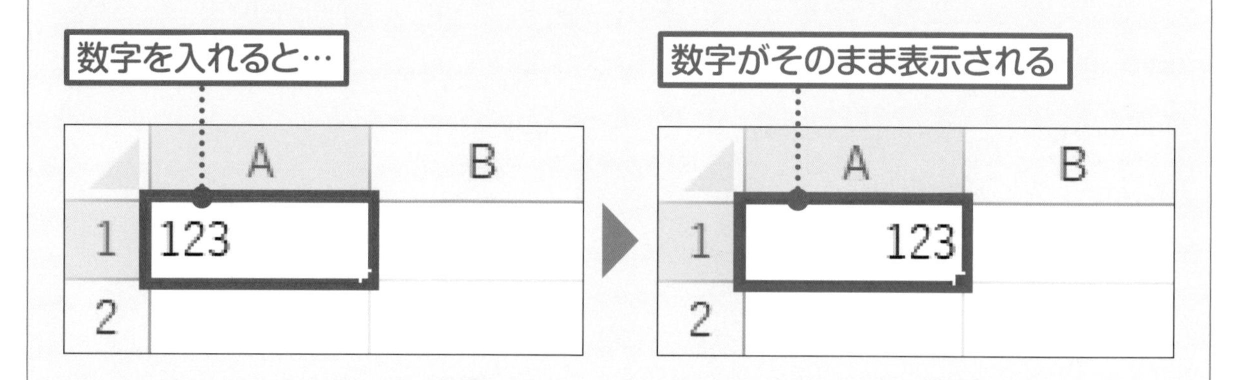

セルの中に計算式を入れると、
エクセルが計算を実行して**計算結果が表示**されます。

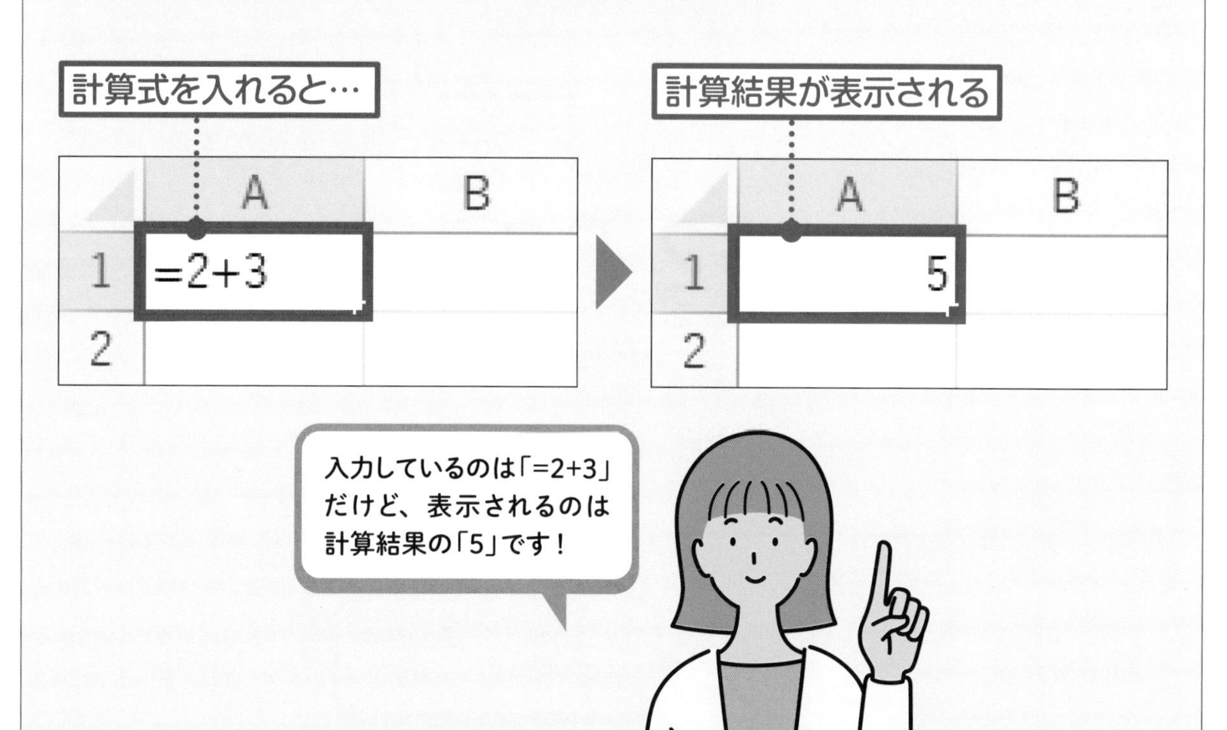

セルのしくみ その2

下の図のように、セルに「2580」というデータを入力し、
「¥マークと3桁ごとのカンマをつけなさい」という**書式を設定**します。
すると、「2580」に「¥」と「,」の書式が加わって、
「¥2,580」と表示されます。
¥マークやカンマのように、
データの見せ方を設定する命令のことを**書式**と呼びます。

データ

書式

2580

¥マークとカンマ

データを入力する

データに書式を追加する

¥2,580

2580というデータに「¥」と「,」という書式が設定された

ワークシートとブック

●ワークシート

たくさんのセルが集まった１枚の用紙を、**ワークシート**と呼びます。
ワークシートを使って、表の作成や計算を行います。

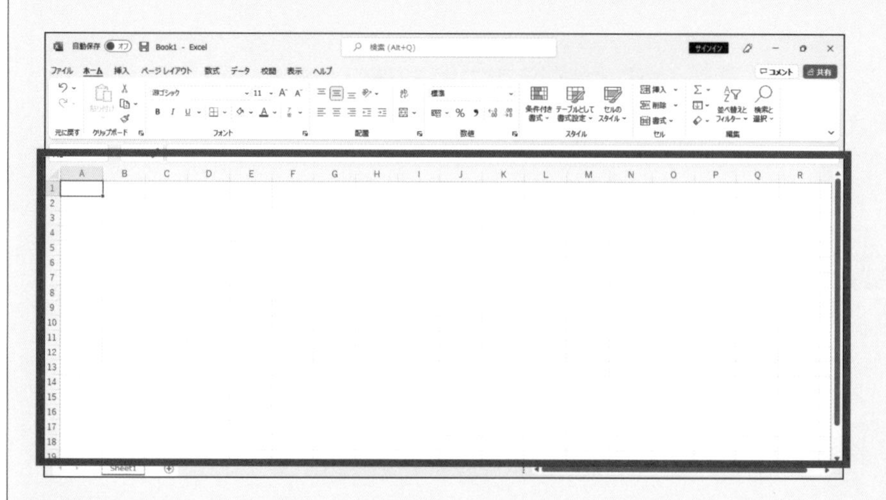

●ブック

エクセルでは、ファイルのことを**ブック**と呼びます。
ブックには、複数のワークシートを集めることができます。
それぞれのワークシートには、名前をつけて区別できます。

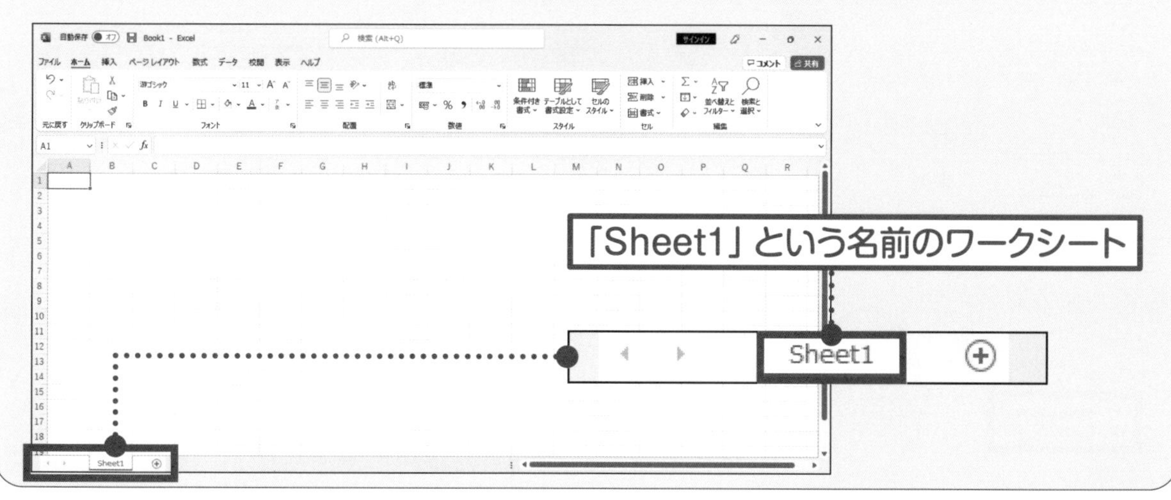

05 » ファイル(ブック)を保存しよう

何度でも利用できるように、ファイルには名前をつけて保存しましょう。
エクセルでは、ファイルのことをブックと呼びます。

1 ファイルを保存する準備をします

ファイル を

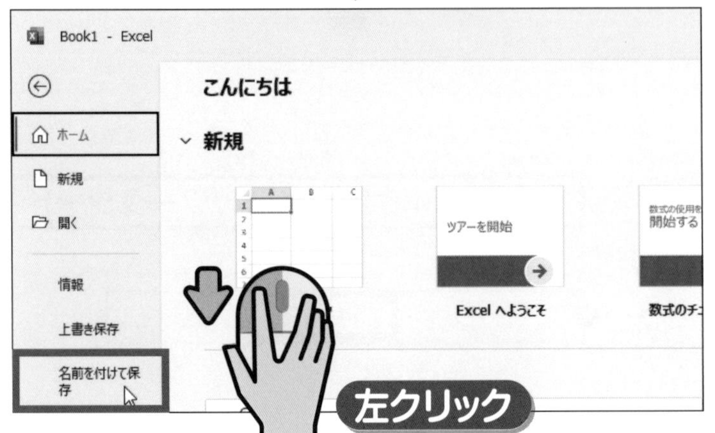

名前を付けて保存 に

カーソルを移動して、

2 保存先を選ぶ画面を表示します

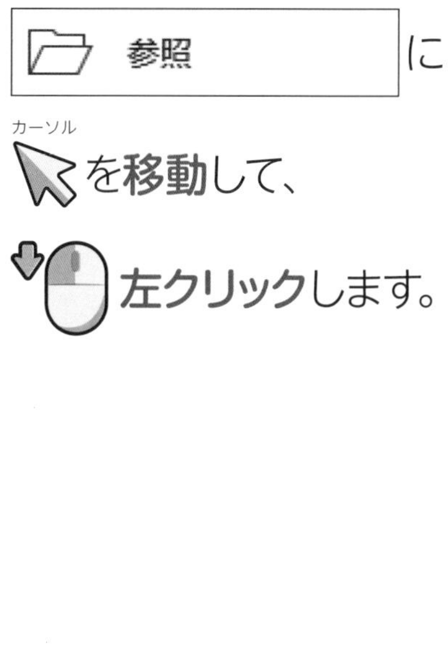

3 ファイルの保存先を選びます

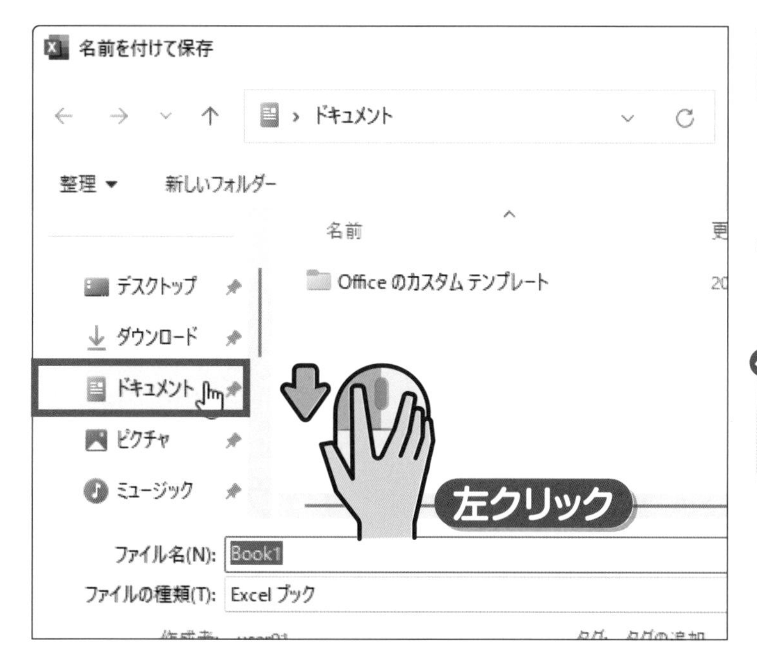

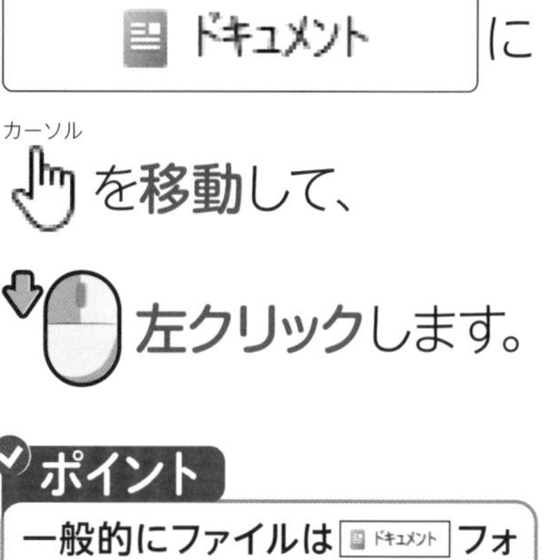

ポイント

一般的にファイルは ドキュメント フォルダーに保存します。

4 ファイル名を入力します

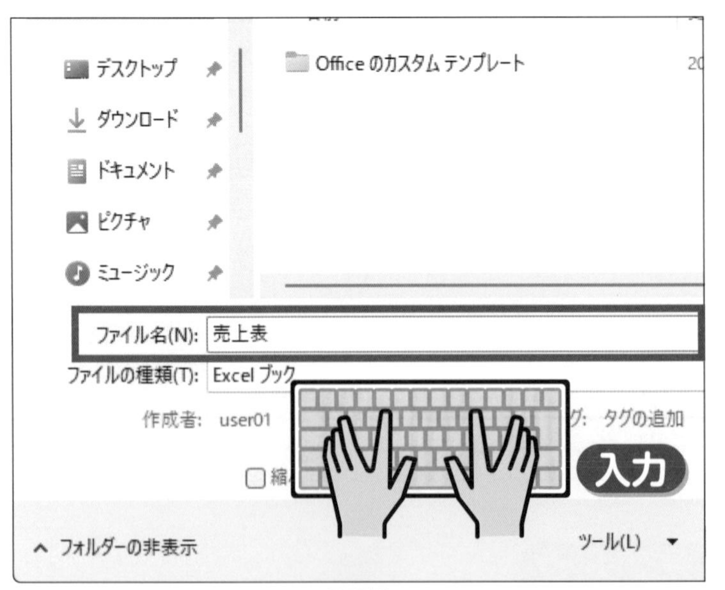

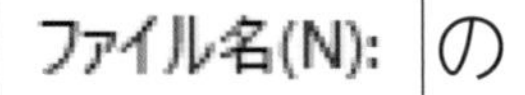の

Book1 に、

ファイルにつけたい名前を入力します。

ポイント

ここでは「売上表」という名前を入力します。

保存(S) を左クリックします。

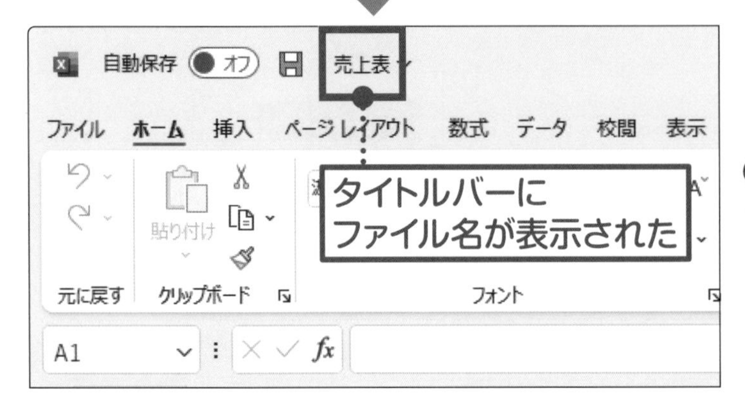

ファイルが保存されます。

ポイント

「上書きしますか?」と聞かれた場合は、「いいえ」を左クリックして、「売上表」以外の名前で保存しましょう。

コラム

2回目以降は上書き保存される

ファイルを保存すると、次回からは 上書き保存 を**左クリック**するだけで、修正した内容を保存することができます（上書き保存）。
この場合、ファイル名を入力する保存画面は表示されません。

上書き保存の詳しい操作は、154ページを参照してください。

●はじめて保存する場合　新規保存

ファイル を**左クリック**して、  を**左クリック**します。

保存画面が表示される

新しいファイルが保存される

●2回目以降に保存する場合　上書き保存

保存画面は表示されない

最新の内容に更新されて保存される

06 » エクセルを終了しよう

ファイルを保存してエクセルを使い終わったら、エクセルを終了します。
正しい操作でエクセルを終了しましょう。

1 エクセルを終了します

画面右上の 閉じる ✕ に カーソル を移動して、左クリックします。

2 メッセージが表示されたら

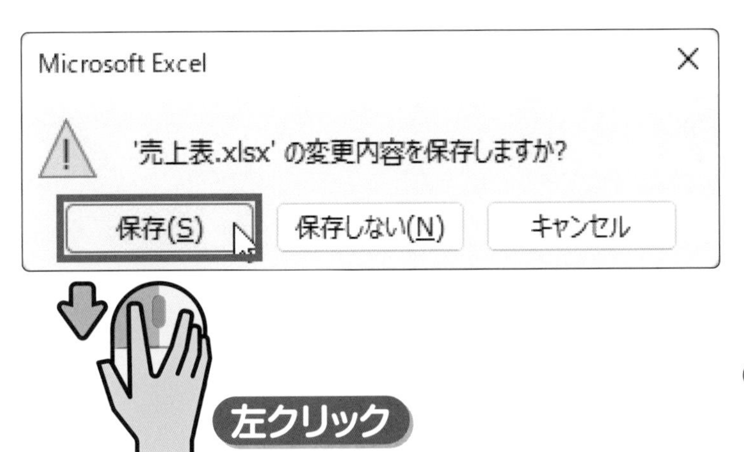

左の画面が
表示されたら、

を

左クリックします。

ポイント

左の画面が表示されないときは、そのまま次の手順に進みます。

3 エクセルが終了しました

エクセルのウィンドウが閉じて、デスクトップが表示されます。

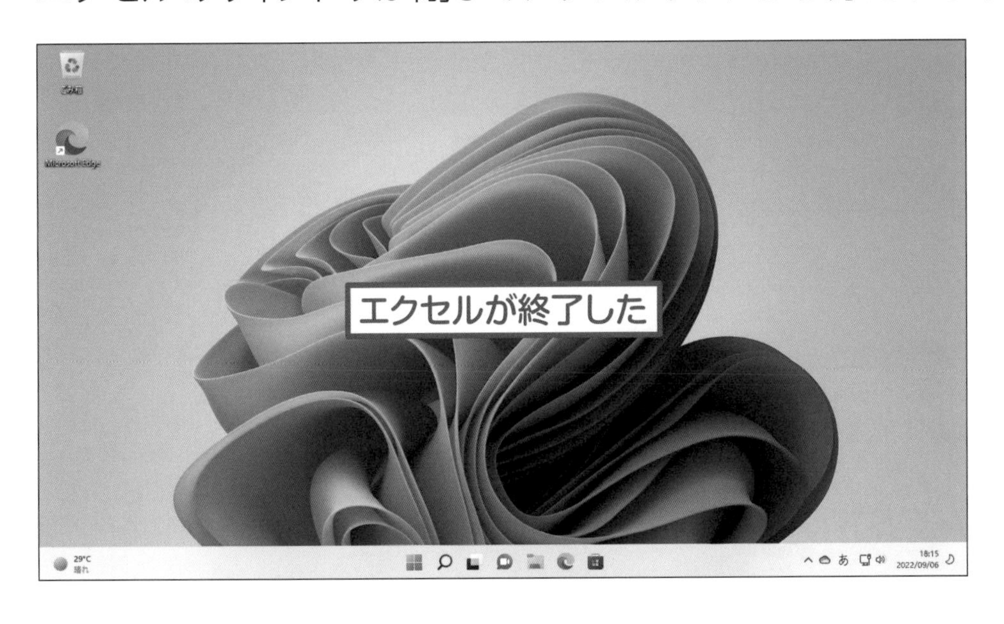

07 » 保存したファイルを開こう

130ページで保存した「売上表」のファイルを開きます。
ここでは、エクセルを起動した直後の画面でファイルを開きます。

操作

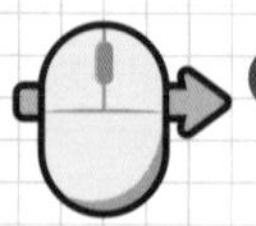

▶P.012

▶P.013

1 ファイルを開く準備をします

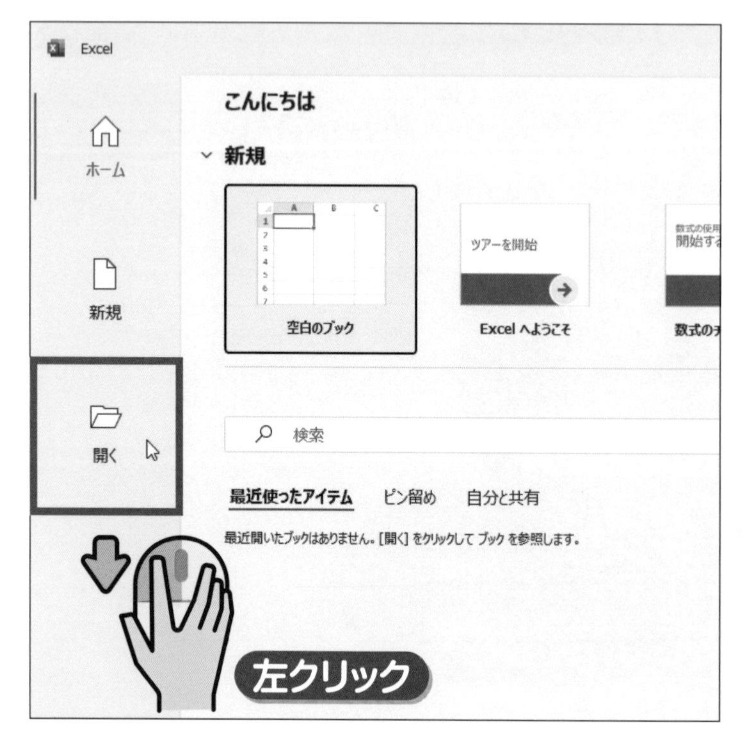

120ページの方法で、エクセルを起動します。

に

カーソル を移動して、

左クリックします。

ポイント

「空白のブック」を表示したあとにファイルを開くときは、「ファイル」タブ→「開く」の順番に左クリックします。

2 保存先を選ぶ画面を表示します

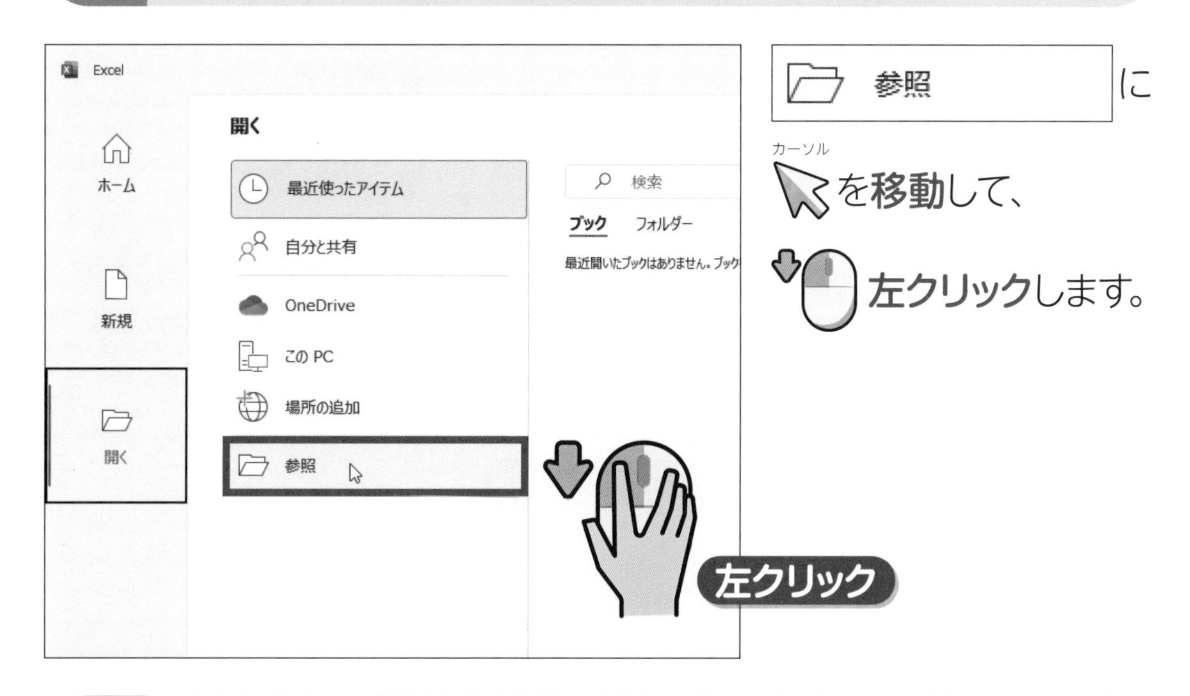

参照 に

カーソル を移動して、

左クリックします。

3 ファイルの保存先を選びます

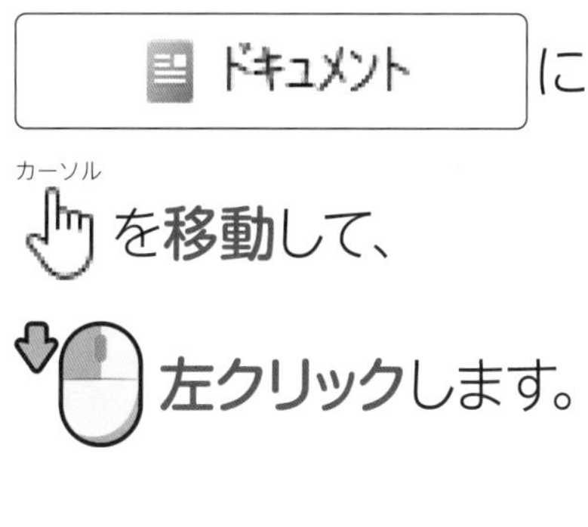

4 ファイルを開きます

に

カーソルを移動して、

左クリックします。

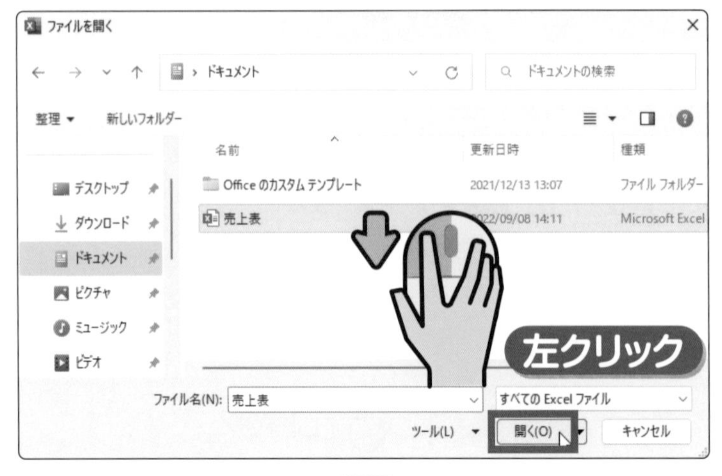

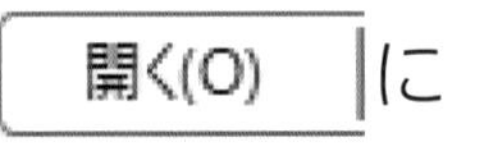

に

カーソルを移動して、

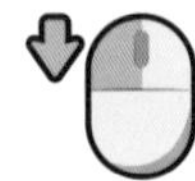
左クリックします。

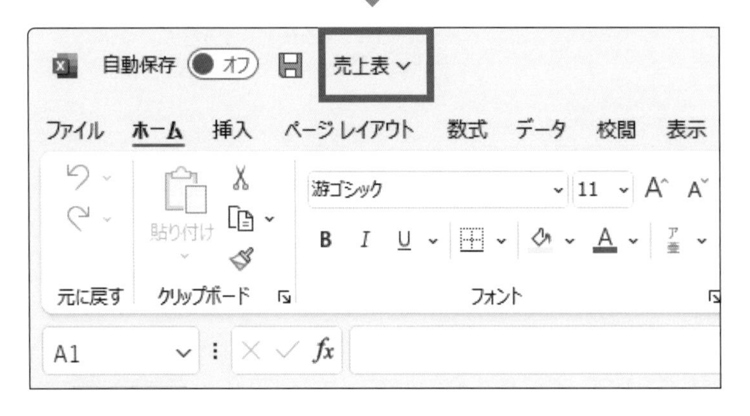

「売上表」の
ファイルが開きました。

134ページの方法で、
エクセルを終了します。

コラム

最近使ったファイルはかんたんに開ける

過去に使ったファイルは、一覧から選ぶだけでかんたんに開けます。

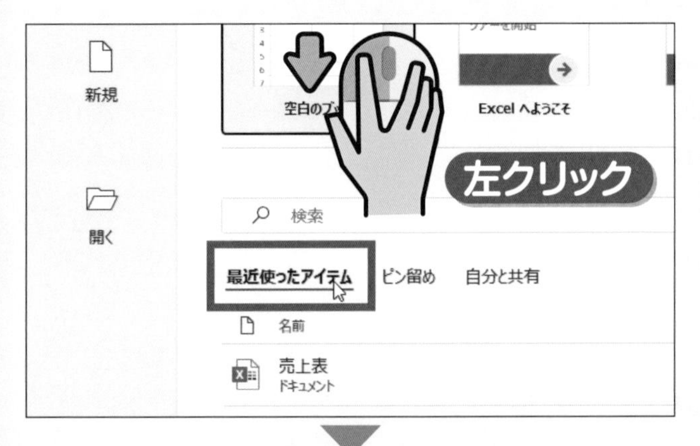

122ページの手順❶の画面で、

を

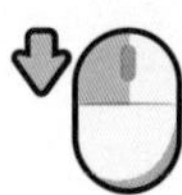

左クリックします。

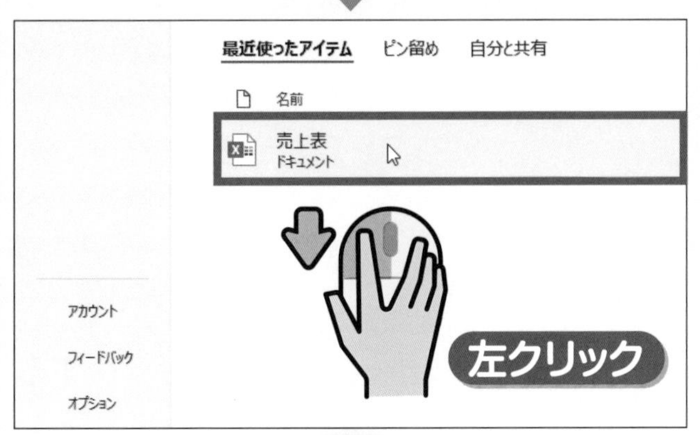

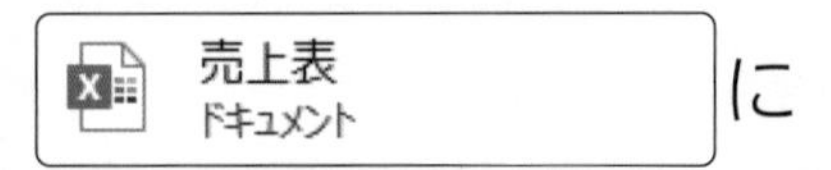

にカーソルを移動して、

左クリックします。

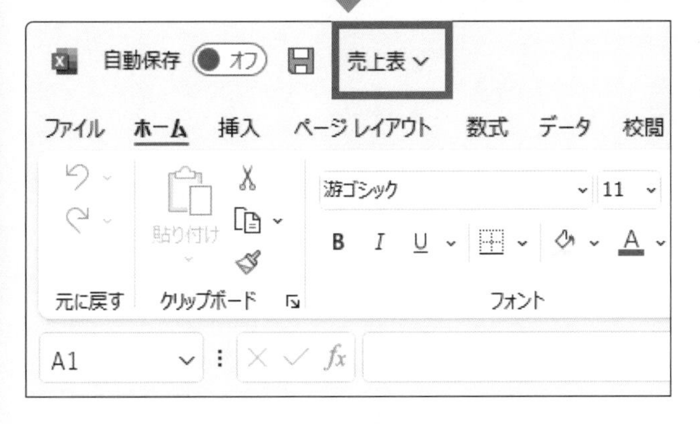

「売上表」のファイルが開きました。

第5章

練習問題

1 エクセルでは、ファイルのことを何と呼びますか？

❶ ワークシート

❷ ドック

❸ ブック

2 ワークシートのマス目のことを何と呼びますか？

❶ リボン

❷ ブック

❸ セル

3 エクセルを起動して、新しい表を作成する時に左クリックするのはどれですか？

❶ 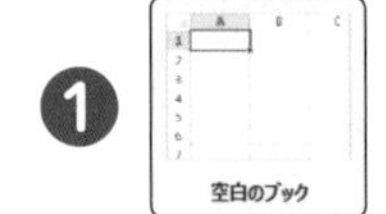

❷ 

❸ 

第6章

6 エクセルで売上表を作ろう

この章で学ぶこと

- セルに文字を入れられますか?
- セルに数字を入れられますか?
- セルのデータをコピーできますか?
- セルのデータを修正できますか?
- ファイルを上書き保存できますか?

01 » この章でやること ～データの入力

セルに、数字や文字のデータを入力する方法を覚えましょう。
入力するデータの種類によって、表示のされ方が異なります。

 セルにデータを入力するには

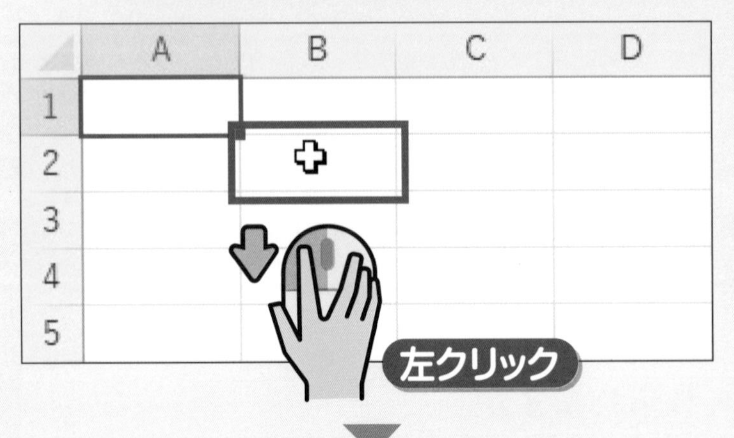

セルにデータを入力するには、入力したいセル（ここではB2セル）を  **左クリック**します。

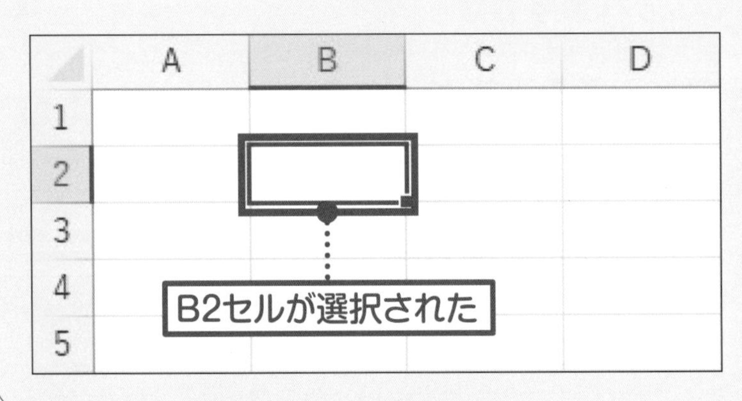

セルが選択されて、**太い枠線**で囲まれます。

このセルは、**アクティブセル**と呼ばれます。

セルに数字を入力すると…

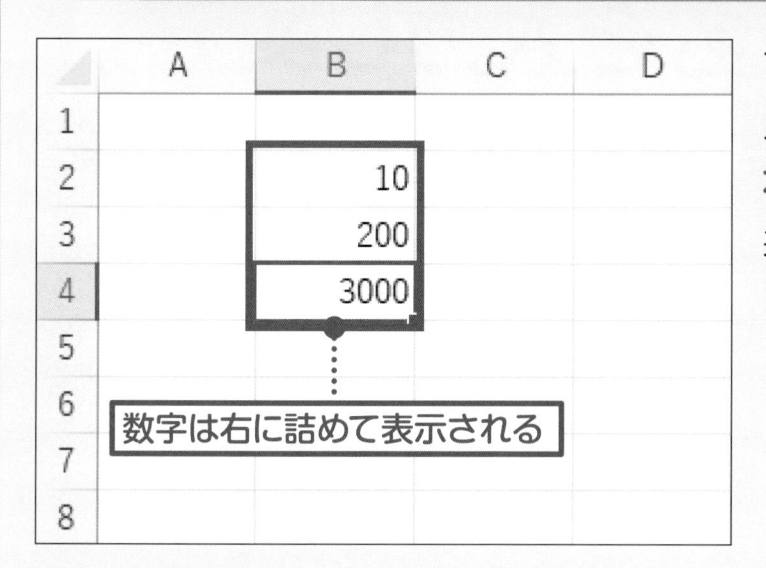

セルに**数字**を入力すると、**右側**に詰めて表示されます。

セルに文字を入力すると…

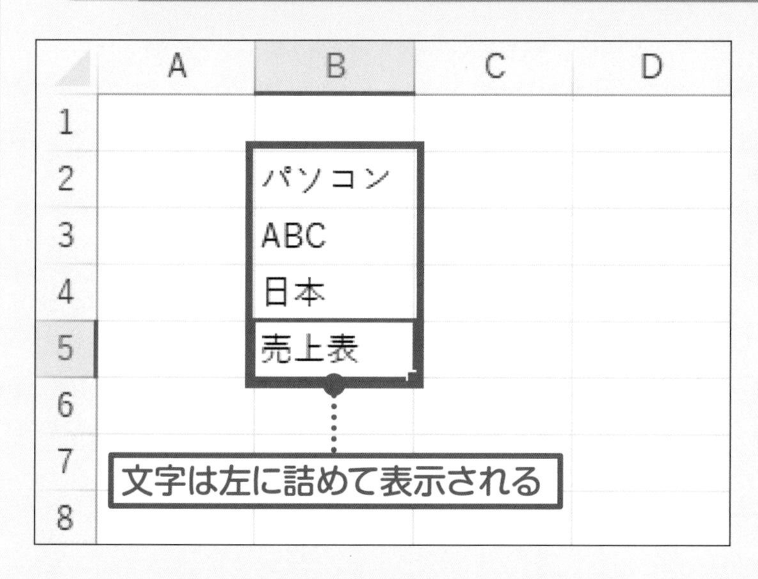

セルに**文字**を入力すると、**左側**に詰めて表示されます。

02 » 項目名を入力しよう 〜漢字の入力

漢字を入力するには、最初にひらがなで読みを入力します。
そのあと、スペースキーを押して漢字に変換します。

1 A1セルを選択します

136ページの方法で、「売上表」を開きます。

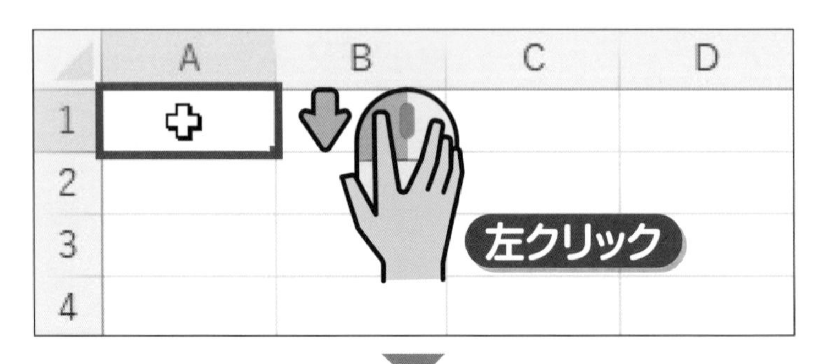

A1セルを

左クリックします。

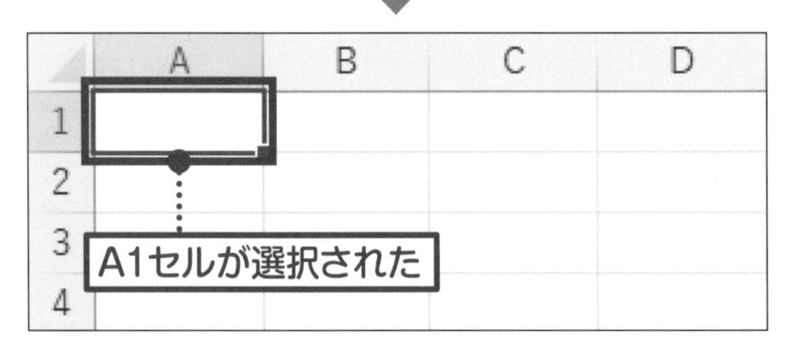

A1セルが
太い枠線で囲まれ、
アクティブセルに
なりました。

2 入力モードを切り替えます

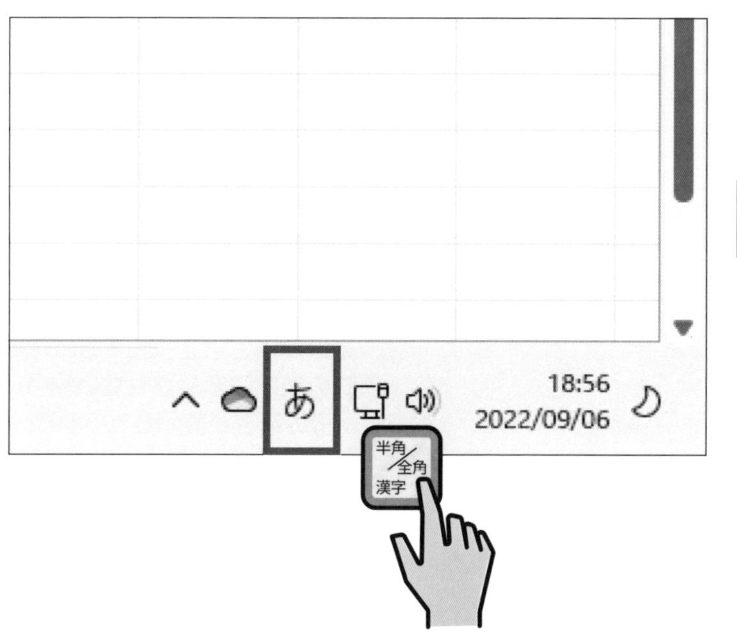

半角／全角 キーを押して、

入力モードアイコンを

A から あ に

切り替えます。

3 タイトルの文字を入力します

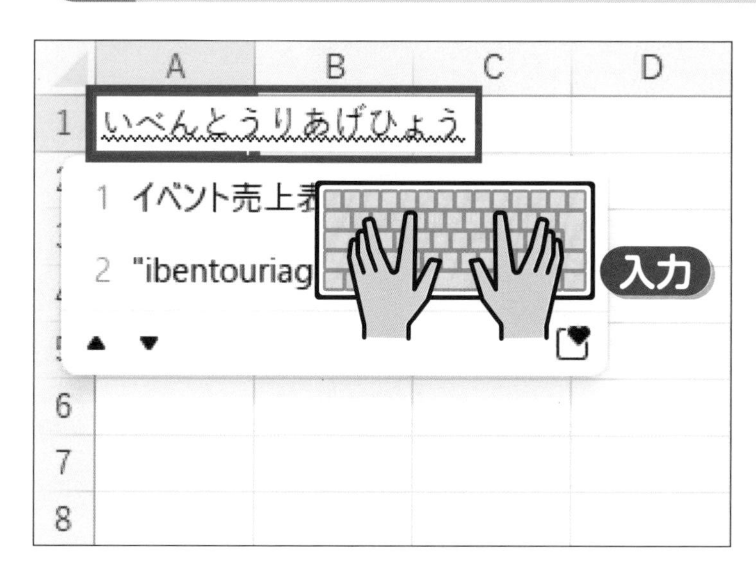

キーボードで

「いべんと

うりあげひょう」と

入力します。

4 文字を変換します

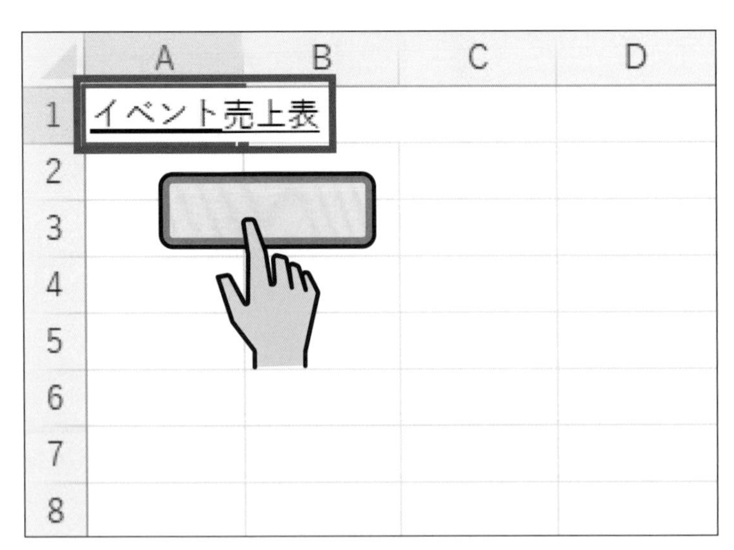

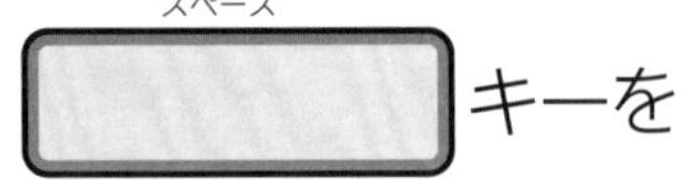

キーを押して、「イベント売上表」に変換します。

ポイント

目的の漢字に変換されない場合は、その漢字が表示されるまで、スペース キーを押します。

5 文字を確定します

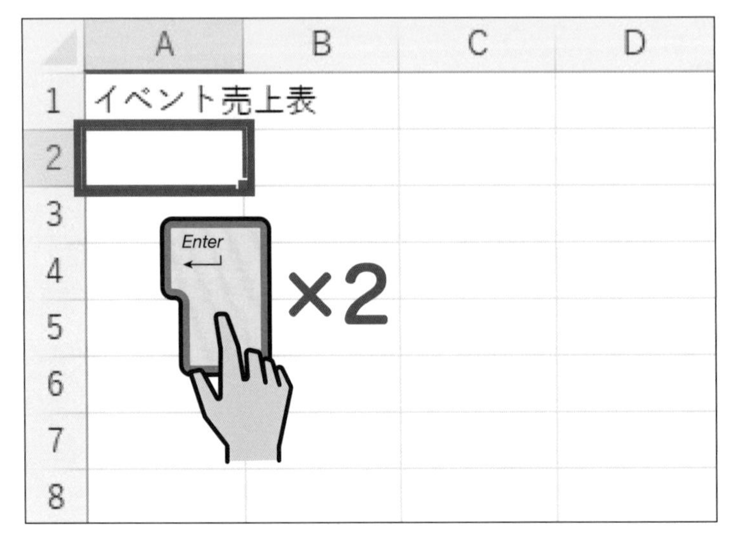

キーを押して、文字を確定します。

もう一度

キーを押すと、アクティブセルが下に移動します。

6 項目を入力します

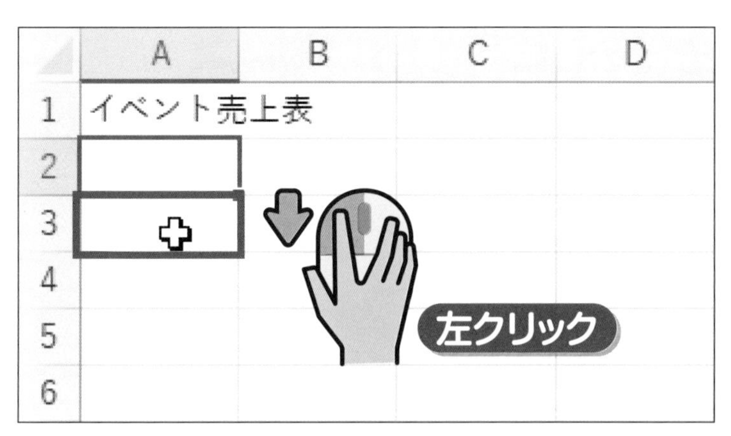

A3セルに

カーソル

を移動して、

左クリックします。

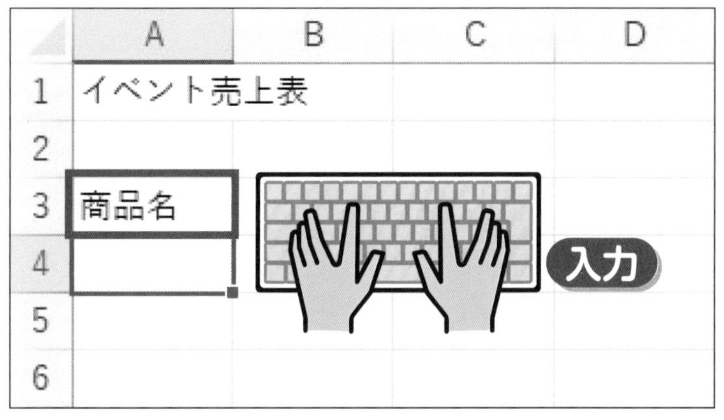

「商品名」と

入力します。

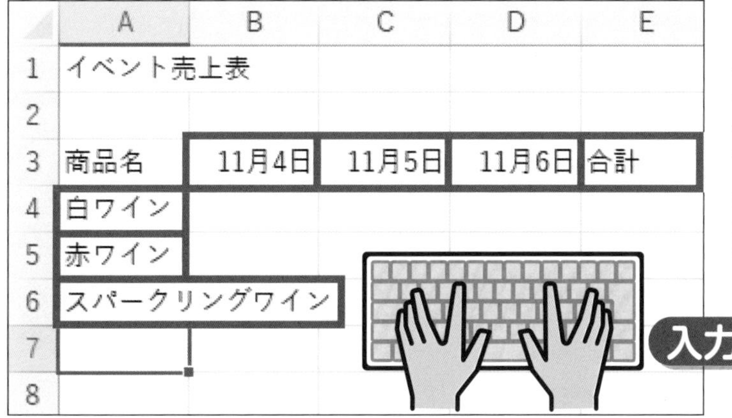

同様の操作で、
左の表のように
項目名を

入力します。

03 » 文字をコピーしよう

「コピー」と「貼り付け」の機能を使って文字をコピーします。
よく使う文字はコピーして使うと便利です。

操作
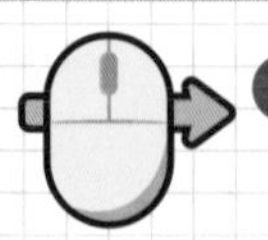

▶P.012
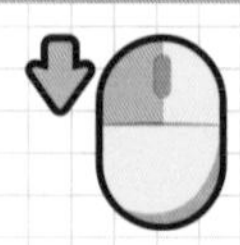

▶P.013

1 文字をコピーします

E3セルに

カーソル を移動して、

左クリックします。

ホーム →

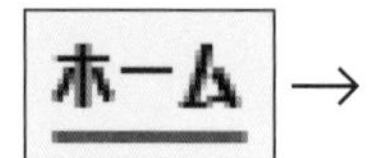コピー の順に

左クリックします。

2 文字を貼り付けます

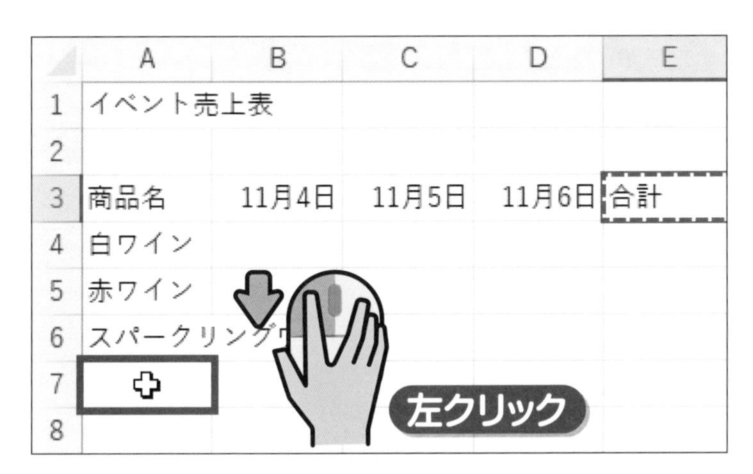

コピー先のA7セルを

左クリックします。

を

左クリックします。

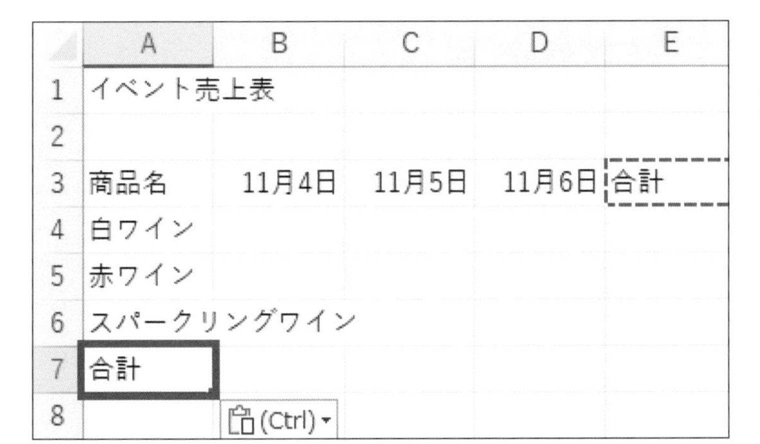

「合計」の文字を
コピーできました。

04 » 金額を入力しよう～数字の入力

商品ごと、日付ごとの売上金額を入力します。
カンマの記号をつけずに、数字をそのまま入力します。

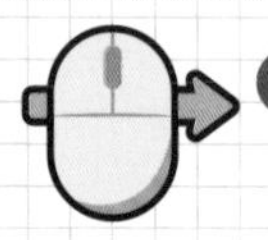

▶P.012
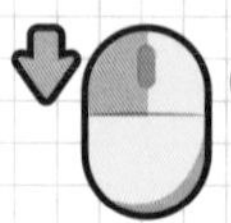

▶P.013

▶P.016

1 B4セルを選択します

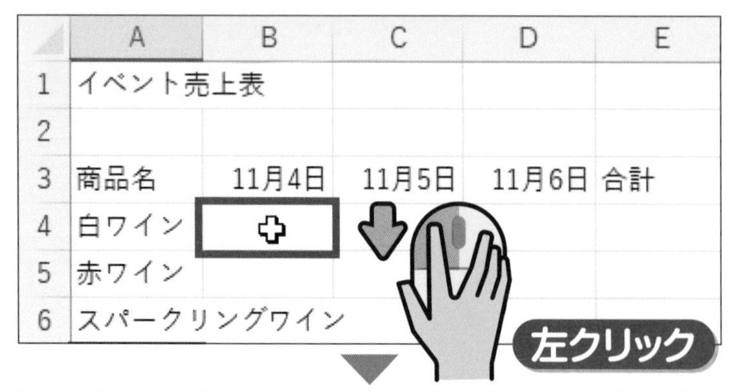

	A	B	C	D	E
1	イベント売上表				
2					
3	商品名	11月4日	11月5日	11月6日	合計
4	白ワイン				
5	赤ワイン				
6	スパークリングワイン				

B4セルに

カーソルを移動して、

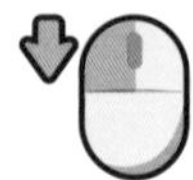
左クリックします。

	A	B	C	D	E
1	イベント売上表				
2					
3	商品名	11月4日	11月5日	11月6日	合計
4	白ワイン				
5	赤ワイン				
6	スパークリングワイン				

B4セルが選択され、アクティブセルになりました。

2 売上金額を入力します

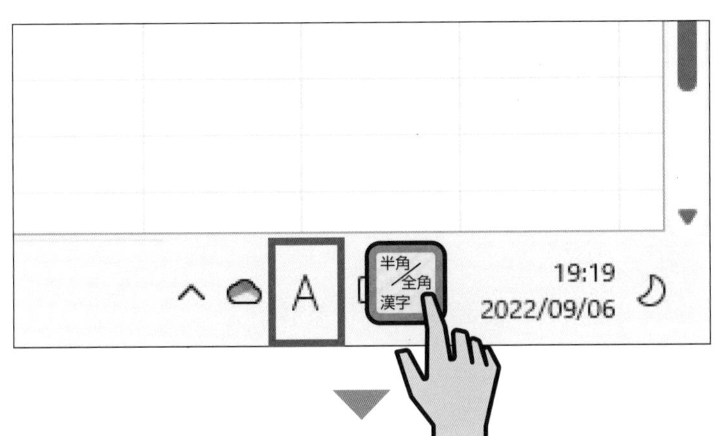

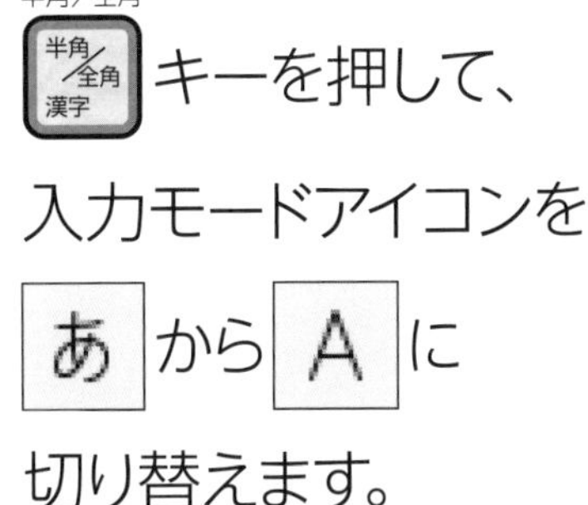

半角／全角 キーを押して、入力モードアイコンを あ から A に切り替えます。

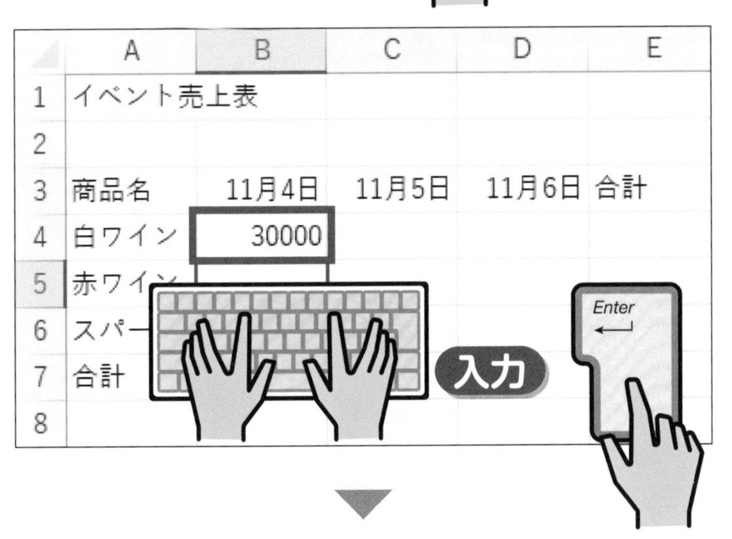

「30000」と

入力し、

エンター キーを押します。

	A	B	C	D	E
1	イベント売上表				
2					
3	商品名	11月4日	11月5日	11月6日	合計
4	白ワイン	30000	45500	61000	
5	赤ワイン	16000	18000	24500	
6	スパークリ	24500	30000	370000	
7	合計				
8					

入力

同様の操作で、残りの売上金額を

入力します。

ポイント

A6セルの「スパークリングワイン」の文字の一部が欠けますが、162ページで見えるようにします。

05 » データを修正しよう

入力ずみのセルにデータを入力すると、
前に入力したデータが消えて、新しいデータに置き換わります。

1 セルを選択します

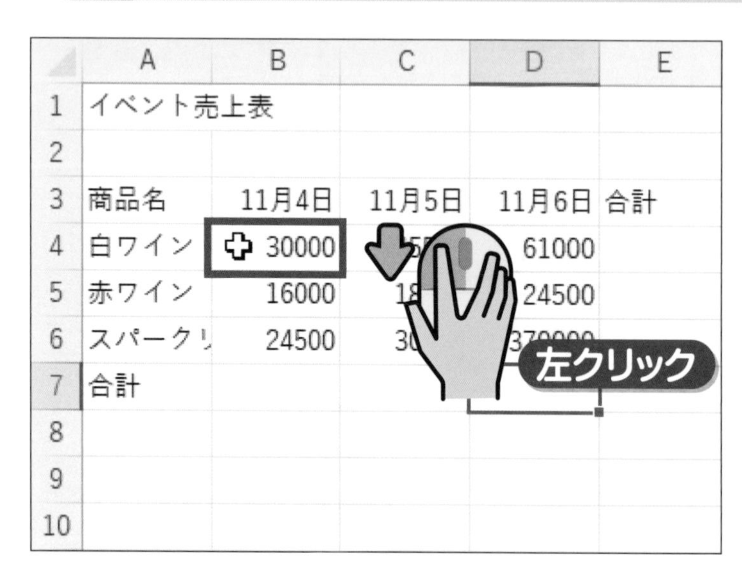

	A	B	C	D	E
1	イベント売上表				
2					
3	商品名	11月4日	11月5日	11月6日	合計
4	白ワイン	30000	[illegible]	61000	
5	赤ワイン	16000	[illegible]	24500	
6	スパークリ	24500	[illegible]	[illegible]	
7	合計				
8					
9					
10					

修正したいセル
(ここではB4セル)に

2 売上金額を修正します

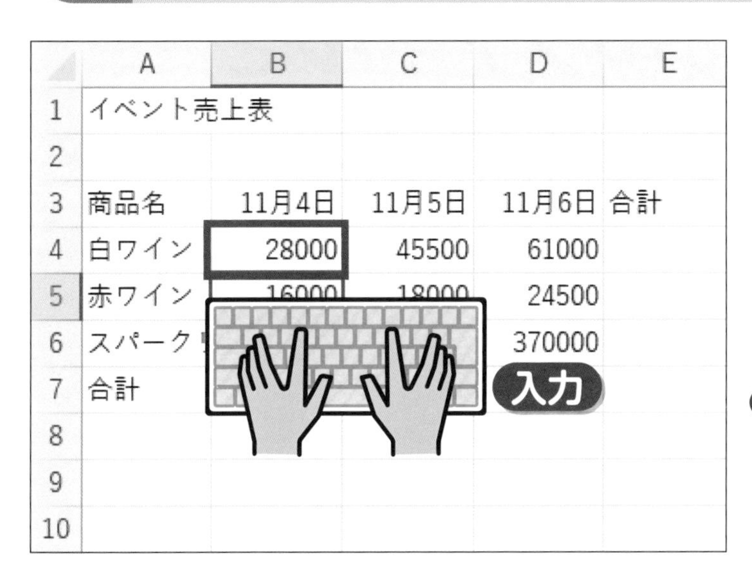

修正したい数字を

入力します。

入力し直した数字に置き換わります。

ポイント

ここでは「28000」と入力しています。

コラム

数式バーについて

選択したセルの内容は、**数式バー**にも表示されます。数式バーに入力すると、セルの値も変わります。

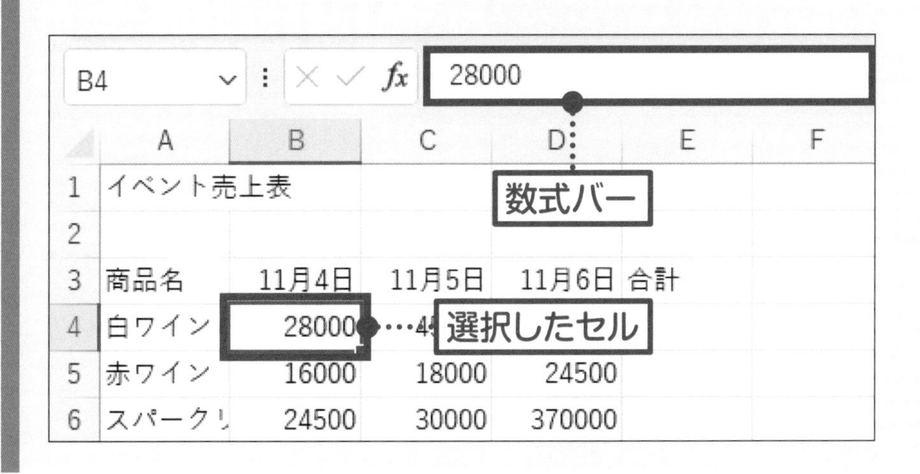

06 » エクセルファイルを上書き保存しよう

データが入力できたら、「売上表」のファイルを保存し直します。
ファイルの上書き保存はこまめに行いましょう。

1 売上表を上書き保存します

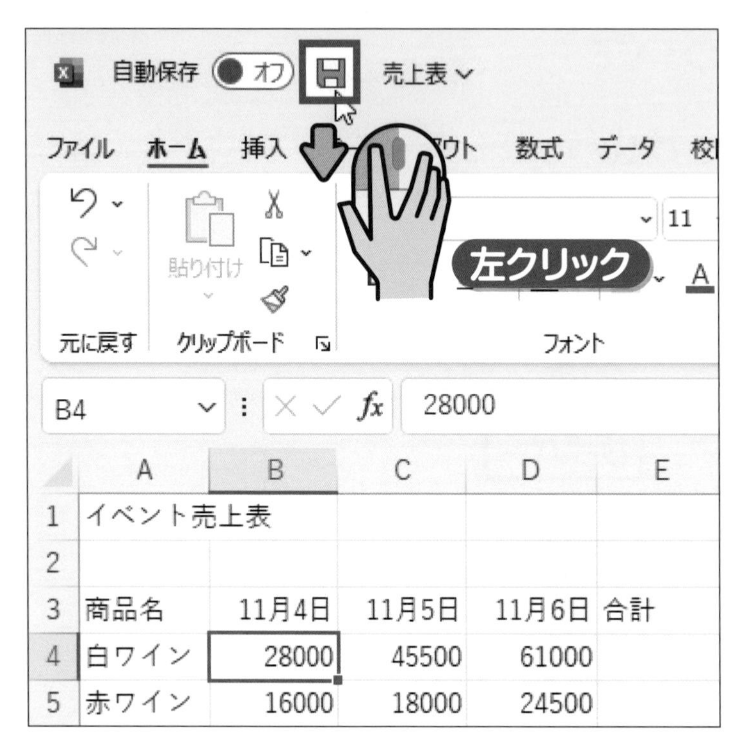

	A	B	C	D	E
1	イベント売上表				
2					
3	商品名	11月4日	11月5日	11月6日	合計
4	白ワイン	28000	45500	61000	
5	赤ワイン	16000	18000	24500	

上書き保存

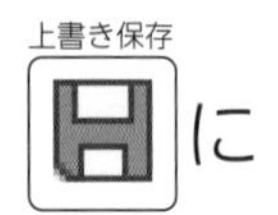 に

カーソル

を**移動**して、

左**クリック**します。

これで、
修正後のデータで
「売上表」が
上書き保存されました。

2 エクセルを終了します

画面右上の 閉じる ✕ に カーソル を移動して、左クリックします。

3 エクセルが終了しました

エクセルが終了しました。デスクトップの画面が表示されます。

練習問題

1 セルに「売上」という文字を入力した直後の結果で、正しい文字の位置はどれですか？

❶ 売上　　❷ 売上　　❸ 売上

2 セルのデータをコピーする操作で正しいのは、次のどれですか？

❶ コピー元のセルを「コピー」してからコピー先に「貼り付け」
❷ コピー元のセルを「コピー」してからコピー先に「コピー」
❸ コピー元のセルをコピー先までドラッグ

3 ファイルを上書き保存するときに左クリックするボタンはどれですか？

第7章

7 エクセルで表を見やすく整えよう

この章で学ぶこと

- 列幅を変更できますか?
- 複数のセルを選択できますか?
- 文字のサイズや色を変更できますか?
- セルに色をつけられますか?
- セルの中央に文字を配置できますか?
- 数値にカンマをつけられますか?

01 » この章でやること～表の装飾

この章では、セルや文字に色をつけたり、文字の配置や列の幅を変更して、表の見栄えを整える方法を覚えましょう。

 列幅を変更する

セルに入力した文字の長さに合わせて、**列幅**を調整することができます。

	A	B	C
1	イベント売上表		
2			
3	商品名	11月4日	11月5日
4	白ワイン	28000	45500
5	赤ワイン	16000	18000
6	スパークリ	24500	30000
7	合計		
8			

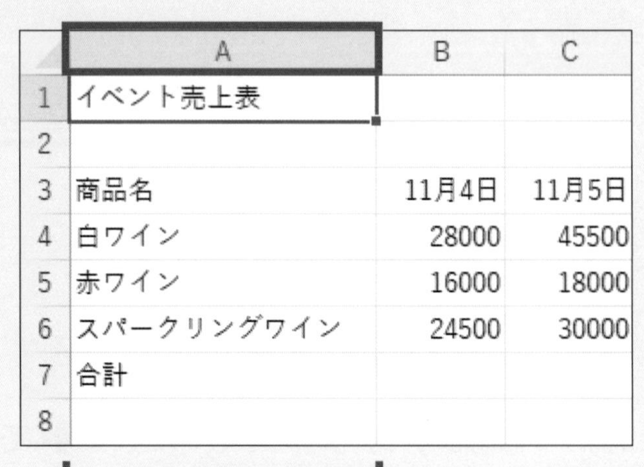

	A	B	C
1	イベント売上表		
2			
3	商品名	11月4日	11月5日
4	白ワイン	28000	45500
5	赤ワイン	16000	18000
6	スパークリングワイン	24500	30000
7	合計		
8			

セルや文字に色をつける

セルや文字に**色**をつけることができます。

セルに色をつけた

文字の色を白にした

	A	B	C	D	E	F	G
1	イベント売上表						
2							
3	商品名	11月4日	11月5日	11月6日	合計		
4	白ワイン	28000	45500	61000			
5	赤ワイン	16000	18000	24500			
6	スパークリングワイン	24500	30000	370000			
7	合計						
8							

文字の配置を変更する・太字にする

文字を**セルの中央に配置**したり、**太字**にしたりすることができます。

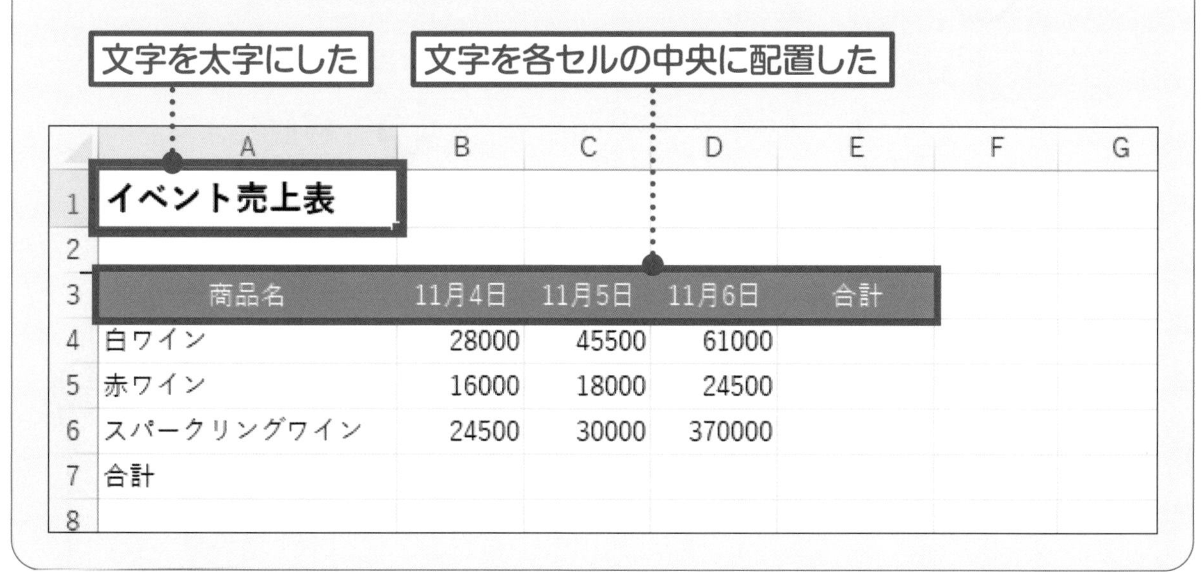

	A	B	C	D	E	F	G
1	**イベント売上表**						
2							
3	商品名	11月4日	11月5日	11月6日	合計		
4	白ワイン	28000	45500	61000			
5	赤ワイン	16000	18000	24500			
6	スパークリングワイン	24500	30000	370000			
7	合計						
8							

02 » 列幅を調整しよう

ここでは、セルに入力した文字の長さに合わせて、列幅を調整します。
列幅の調整方法には2種類あります。

1 列番号の間にカーソルを移動します

136ページの方法で「売上表」を開きます。

	A	B	C	D	E
1	イベント売上表				
2					
3	商品名	11月4日	11月5日	11月6日	合計
4	白ワイン	28000	45500	61000	
5	赤ワイン	16000	18000	24500	
6	スパークリ	24500	30000	370000	
7	合計				
8					
9					
10					

A と B の間にカーソルを移動します。

これからA列の幅を広げて、A列の商品名がすべて見えるようにします！

2 カーソルの形が変化します

	A	B	C	D	E
1	イベント売上表				
2					
3	商品名	11月4日	11月5日	11月6日	合計
4	白ワイン	28000	45500	61000	
5	赤ワイン	16000	18000	24500	
6	スパークリ	24500	30000	370000	
7	合計				
8					
9					
10					

カーソル

が に

変わったことを

確認します。

3 列幅を調整します

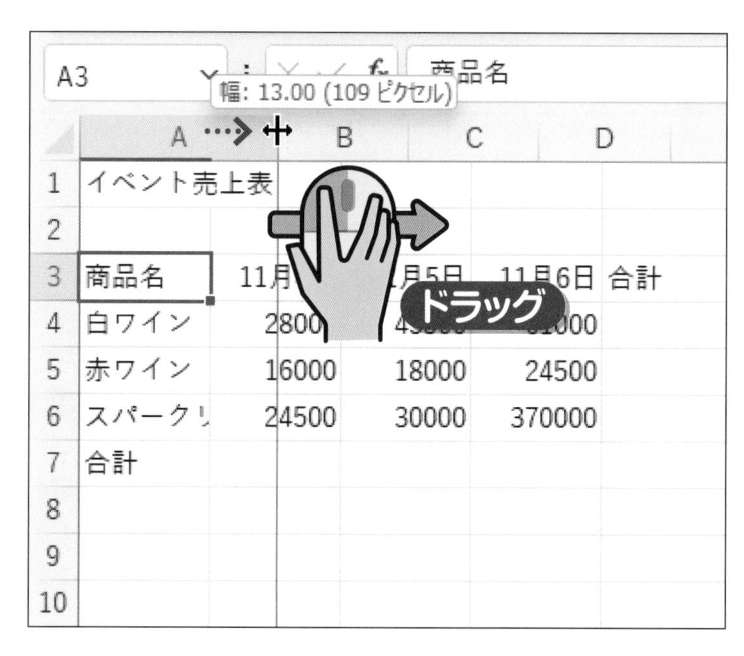

の状態のまま、

右方向に

ドラッグします。

A列の幅が

広くなります。

ポイント

次の操作のために、A列の列幅をあえて広めにしておきます。

4 列幅を自動的に調整します

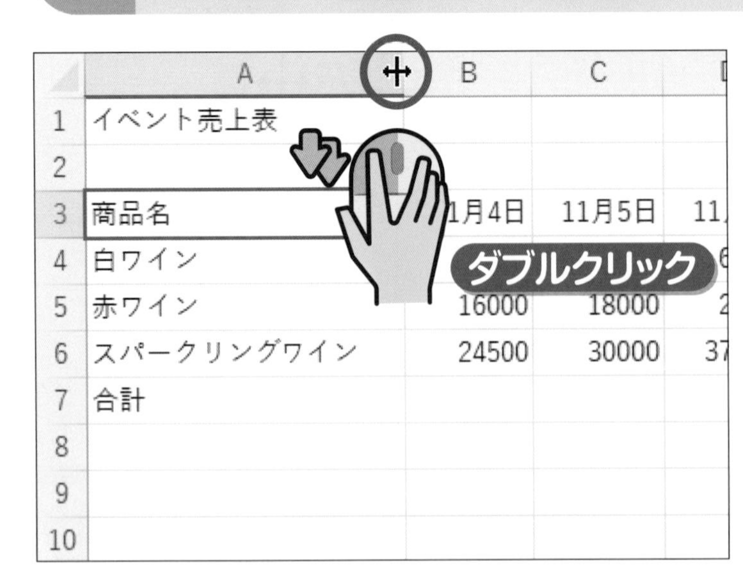

A列を広げすぎたので、 A と B の間に カーソル を移動して、 ダブルクリック します。

5 列幅が適切な幅に調整されました

	A	B	C	D
1	イベント売上表			
2				
3	商品名	11月4日	11月5日	11月
4	白ワイン	28000	45500	61
5	赤ワイン	16000	18000	24
6	スパークリングワイン	2		
7	合計			
8				
9				
10				

列幅が調整された

セル内の文字数に合わせて、列幅が自動的に調整されます。

ポイント

ここでは、「スパークリングワイン」の文字数に合わせて列幅が自動調整されます。

6 E列の幅を調整します

ドラッグ操作で、E列の列幅を広げておきます。

A1 | イベント売上表

幅: 10.63 (90 ピクセル)

列幅を変更する

	A	B	C	D	E	F	G
1	イベント売上表						
2							
3	商品名	11月4日	11月5日	11月6日	合計		
4	白ワイン	28000	45500	61000			
5	赤ワイン	16000	18000	24500			
6	スパークリングワイン	24500	30000	370000			
7	合計						
8							

コラム

列幅の調整方法

列幅を調整するには、次の２つの方法があります。

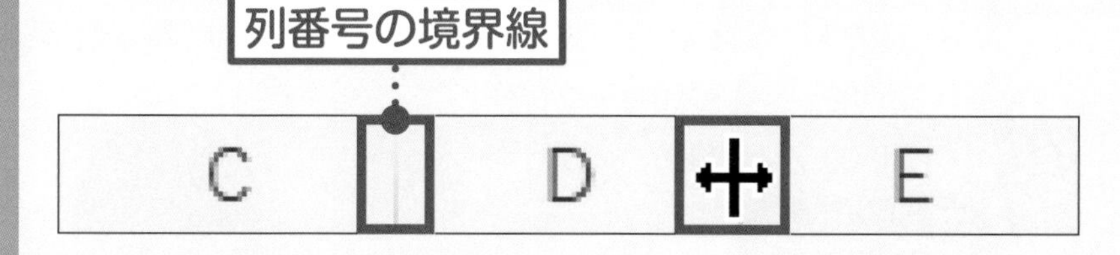

❶ 列番号の境界線をドラッグする

列幅を変更したい列番号の右側の境界線を**ドラッグ**します。

❷ 列番号の境界線をダブルクリックする

列幅を変更したい列番号の右側の境界線を**ダブルクリック**します。
すると、文字数に合わせて列幅が自動で調整されます。

03 » 複数のセルを選択しよう

セルやセルの文字に書式をつけるときは、最初に目的のセルを選択します。ここでは、複数のセルを同時に選択する方法を解説します。

操作

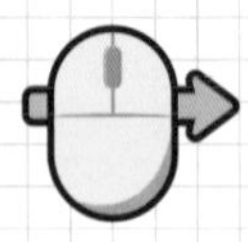

移動 ▶P.012

左クリック ▶P.013

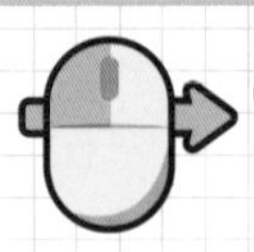

ドラッグ ▶P.015

1 最初のセルを選択します

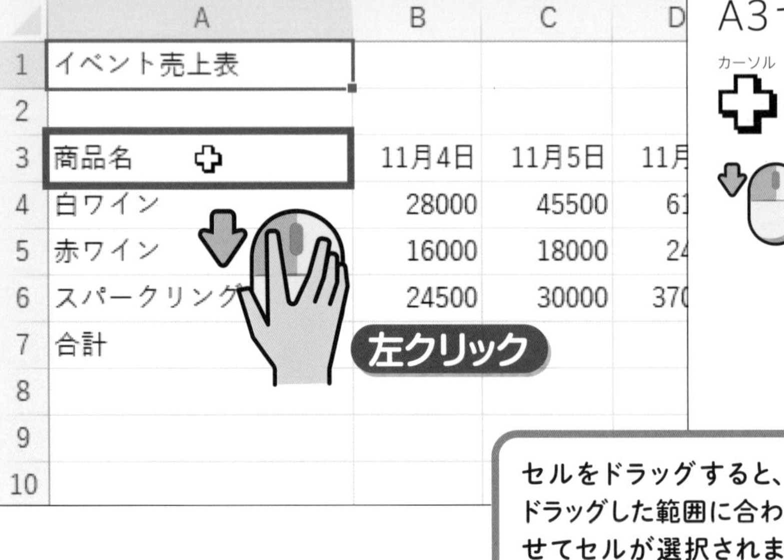

	A	B	C	D
1	イベント売上表			
2				
3	商品名	11月4日	11月5日	11月
4	白ワイン	28000	45500	61
5	赤ワイン	16000	18000	24
6	スパークリング	24500	30000	370
7	合計			
8				
9				
10				

A3セルに

カーソルを移動して、

左クリックします。

セルをドラッグすると、ドラッグした範囲に合わせてセルが選択されます!

2 複数のセルを選択します

そのまま、E3セルまで右方向に **ドラッグ**します。

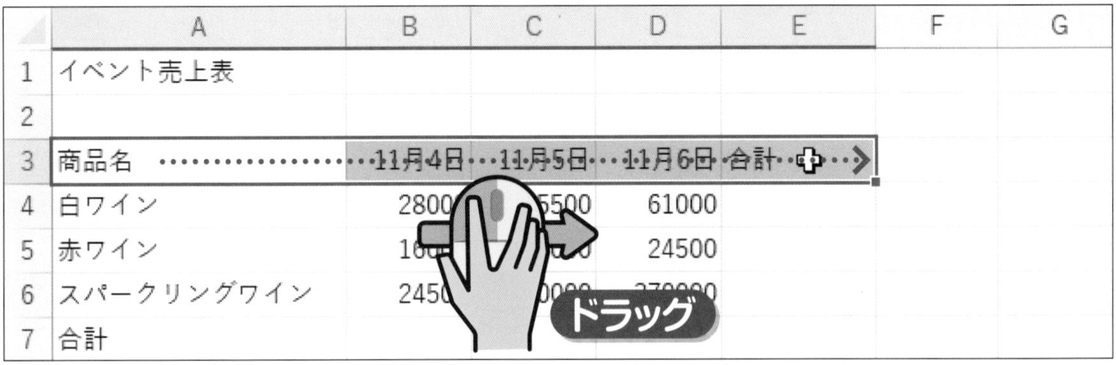

	A	B	C	D	E	F	G
1	イベント売上表						
2							
3	商品名	11月4日	11月5日	11月6日	合計		
4	白ワイン	2800	5500	61000			
5	赤ワイン	16		24500			
6	スパークリングワイン	2450	000				
7	合計						

ドラッグ

3 複数のセルが選択されました

A3セルからE3セルまでが、太い枠線で囲まれます。
これで、複数のセルが同時に選択されました。

A1セルを **左クリック**して、選択を解除します。

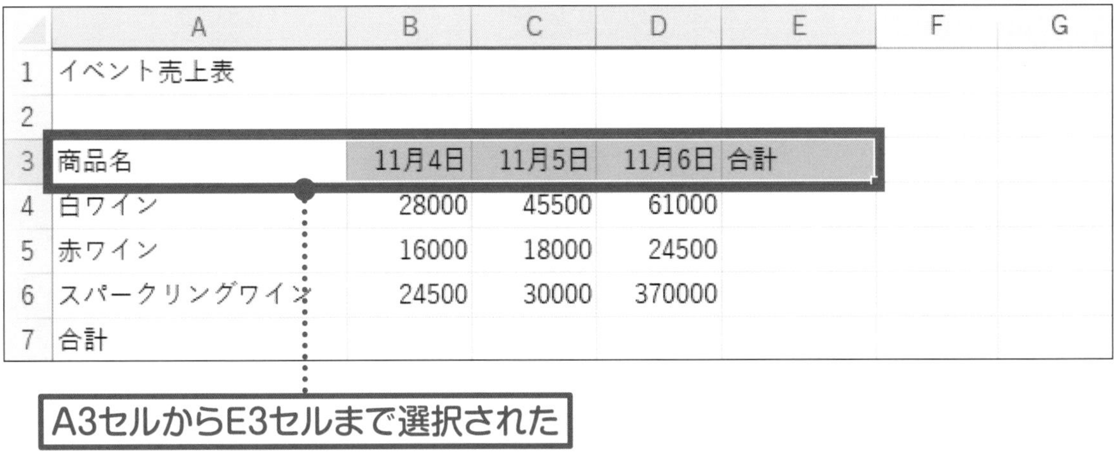

	A	B	C	D	E	F	G
1	イベント売上表						
2							
3	商品名	11月4日	11月5日	11月6日	合計		
4	白ワイン	28000	45500	61000			
5	赤ワイン	16000	18000	24500			
6	スパークリングワイン	24500	30000	370000			
7	合計						

A3セルからE3セルまで選択された

04 » 文字のサイズを大きくしよう

文字の大きさは、あとから自由に変えられます。
ここでは、表のタイトルの文字を大きくして目立たせます。

左クリック ▸P.013

1 セルを選択します

文字を大きくしたいセル（ここでは「A1」セル）を  左クリックします。

ホーム を  左クリックします。

2 文字の大きさを変更します

フォントサイズ
11 の右側の ⌄ を

左クリックします。

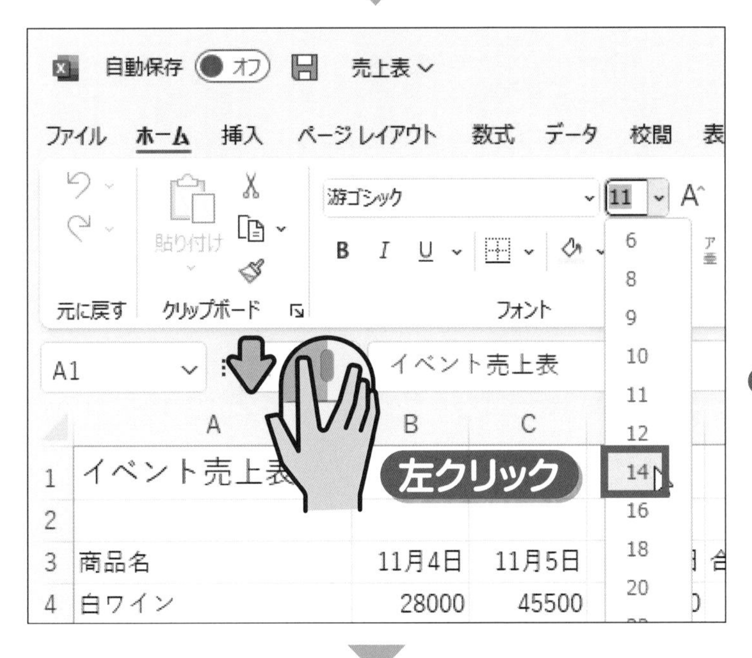

文字の大きさの一覧が表示されます。

変更したい大きさを

ポイント

文字の大きさは、数字で表現されます。ここでは「14」を選択しています。

	A	B	C	D
1	イベント売上表			
2				
3		11月4日	11月5日	11月
4	白ワイン	28000	45500	61
5	赤ワイン	16000	18000	24
6	スパークリングワイン	24500	30000	370
7	合計			

文字が大きくなった

A1 セルの文字が大きくなりました。

05 » セルに色をつけよう

セルを目立たせるために、セルに色をつけます。
ここでは、3行目の項目名のセルに色をつけます。

操作

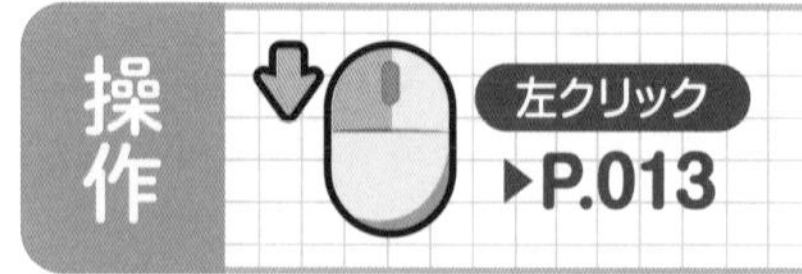

1 セルに色をつける準備をします

164ページの方法で、A3セルからE3セルを選択しておきます。

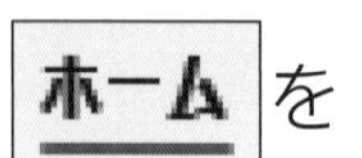

を

塗りつぶしの色

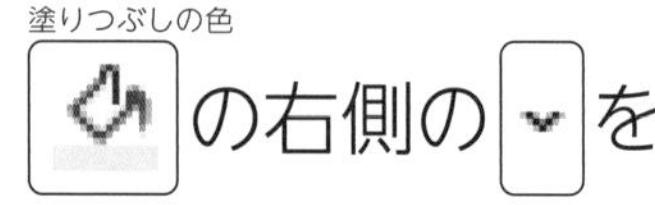

2 セルに色をつけます

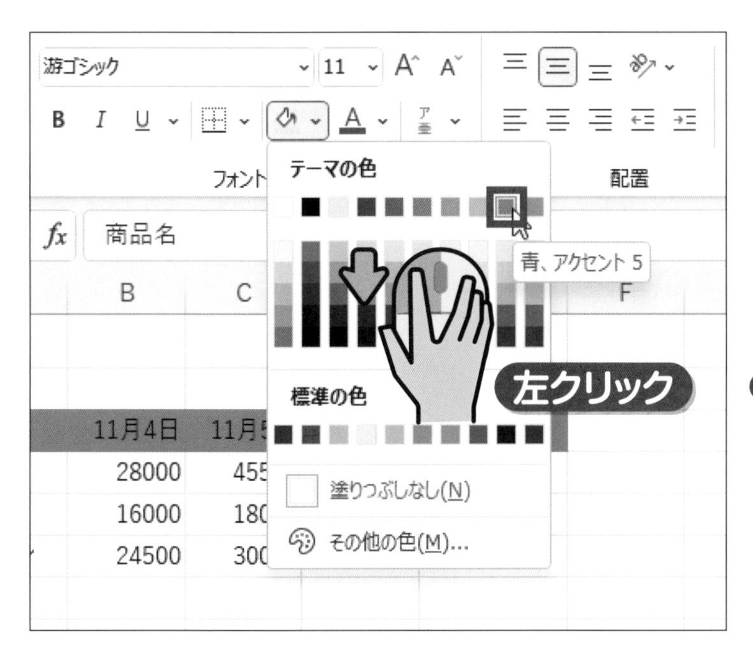

色の一覧が表示されます。

セルにつけたい色を左クリックします。

ポイント
ここでは「青、アクセント5」を選択しています。

3 セルに色がつきました

A3セルからE3セルに色がつきました。

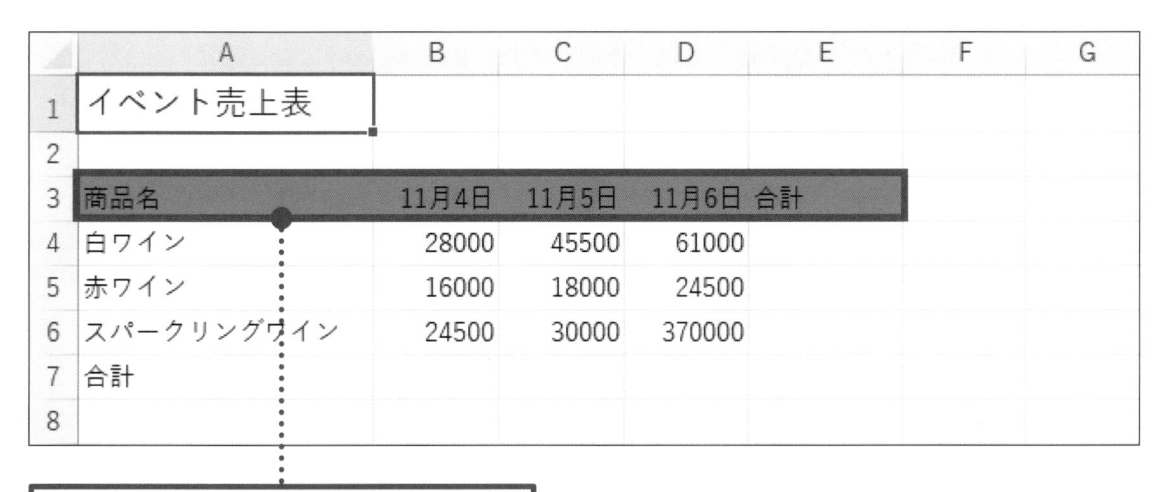

	A	B	C	D	E	F	G
1	イベント売上表						
2							
3	商品名	11月4日	11月5日	11月6日	合計		
4	白ワイン	28000	45500	61000			
5	赤ワイン	16000	18000	24500			
6	スパークリングワイン	24500	30000	370000			
7	合計						
8							

A3セルからE3セルに色がついた

06 » 文字の色を変更しよう

セルに入力された文字の色を変更します。
ここでは、3行目の項目名の文字の色を変更します。

操作

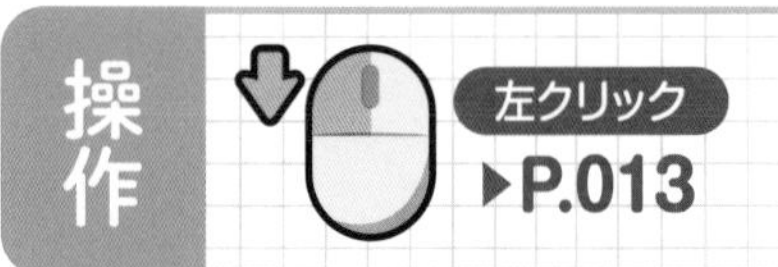

1 文字の色を変更する準備をします

164ページの方法で、A3セルからE3セルを選択しておきます。

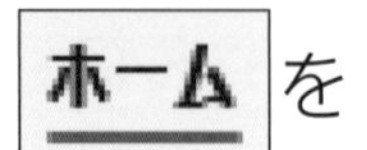

を

の右側の を

2 文字の色を変更します

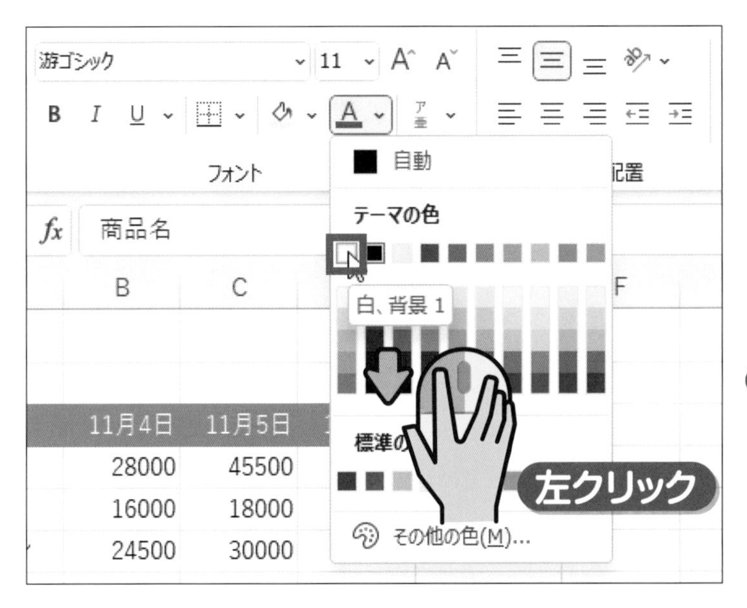

色の一覧が表示されます。

変更したい色を

左クリックします。

ポイント

ここでは「白、背景1」を選択しています。

3 文字の色が変更されました

A3セルからE3セルの文字の色が白に変わりました。

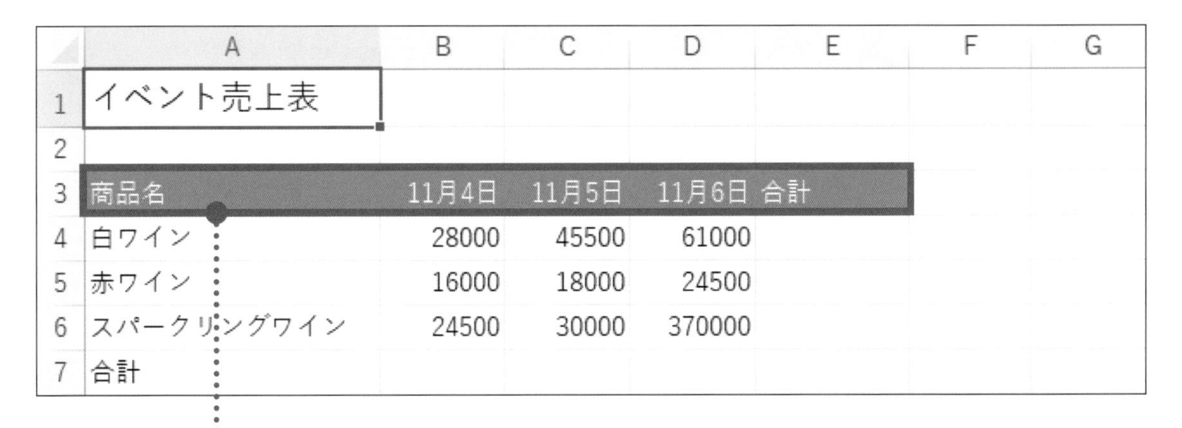

	A	B	C	D	E	F	G
1	イベント売上表						
2							
3	商品名	11月4日	11月5日	11月6日	合計		
4	白ワイン	28000	45500	61000			
5	赤ワイン	16000	18000	24500			
6	スパークリングワイン	24500	30000	370000			
7	合計						

ポイント

セルの色に濃い色を選んだ場合、文字の色を白にすると読みやすくなります。

07 » 文字を太字にしよう

文字を太字にして、他の文字よりも目立たせてみましょう。
ここでは、表のタイトルの文字を太字にします。

操作

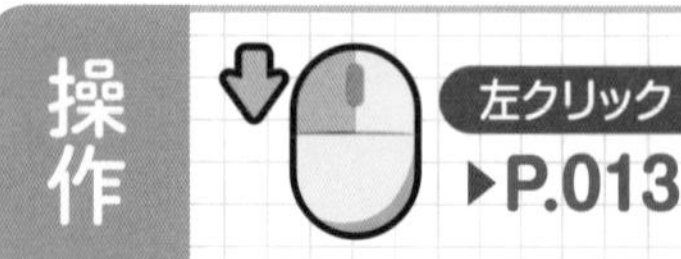

1 文字を太字にする準備をします

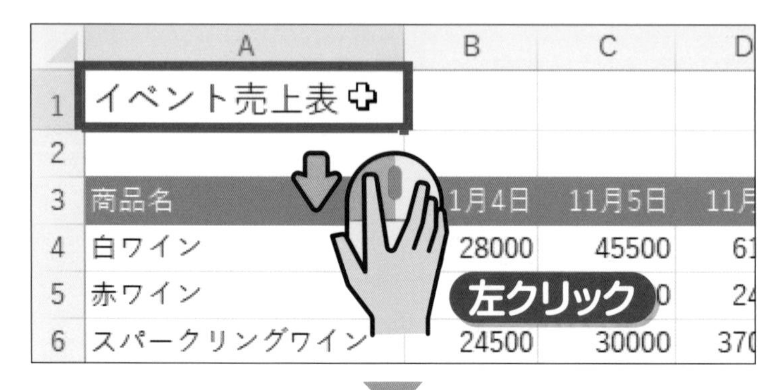

太字にしたいセル（ここではA1セル）を

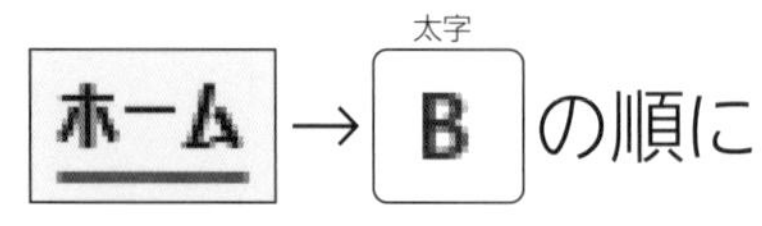

2 文字が太字になりました

	A	B	C	D
1	**イベント売上表**			
2				
3	商品名	11月4日	11月5日	11月
4		28000	45500	61
5	赤ワイン	16000	18000	24
6	スパークリングワイン	24500	30000	370
7	合計			
8				

文字が太字になった

文字が
太字になりました。

ポイント

同様の方法で、I（斜体）を左クリックすると文字が斜めになり、U（下線）を左クリックすると文字に下線がつきます。

コラム

太字を元に戻すには

太字を解除するには、解除したいセルを選択します。

その上で、もう一度

を

同じボタンが
オンとオフを兼ねている
イメージです。

08 » 文字をセルの中央に配置しよう

セルの文字の位置は、あとから自由に変えられます。
ここでは、3行目の項目の文字をセルの中央に配置します。

1 文字の配置を変える準備をします

164ページの方法で、A3セルからE3セルを選択しておきます。

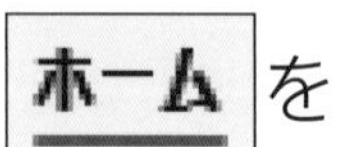 を

中央揃え

 に

カーソル を移動して、

2 文字が中央に配置されました

選択した文字が、セルの中央に配置されました。

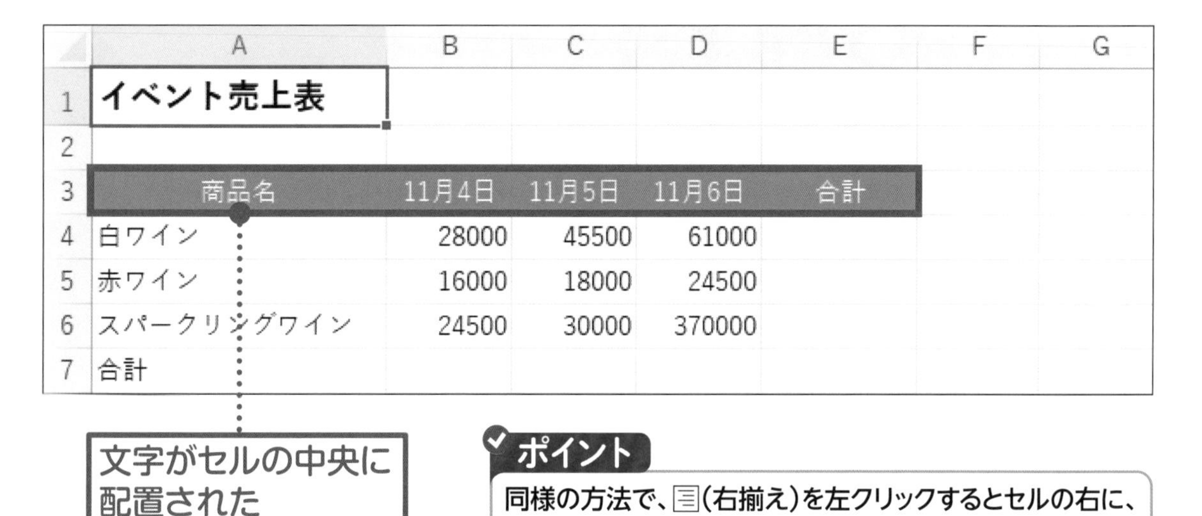

	A	B	C	D	E	F	G
1	イベント売上表						
2							
3	商品名	11月4日	11月5日	11月6日	合計		
4	白ワイン	28000	45500	61000			
5	赤ワイン	16000	18000	24500			
6	スパークリングワイン	24500	30000	370000			
7	合計						

ポイント

同様の方法で、(右揃え)を左クリックするとセルの右に、(左揃え)を左クリックするとセルの左に配置されます。

コラム

文字を元の位置に戻すには

中央に配置した文字を元の位置に戻すには、

戻したいセルを **左クリック**して選択します。

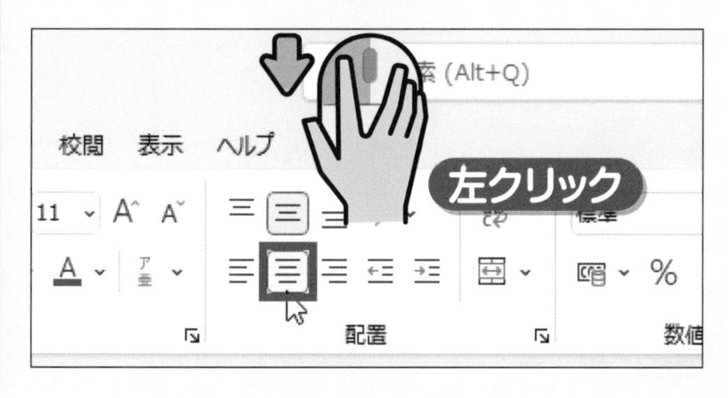

その上で、もう一度

を

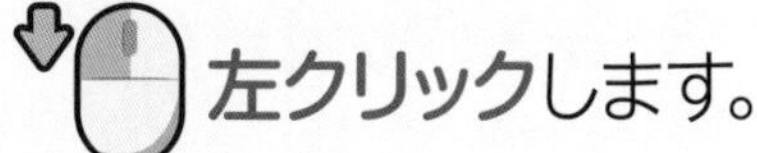

左クリックします。

09 » 数値にカンマをつけよう

ここでは、128ページで学習した書式の設定を行います。
「金額」の数値に、3ケタごとの位取りのカンマをつけましょう。

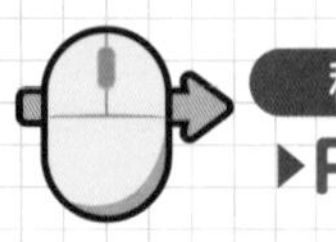

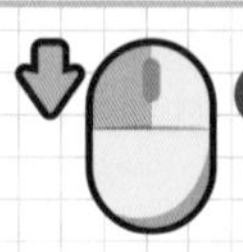

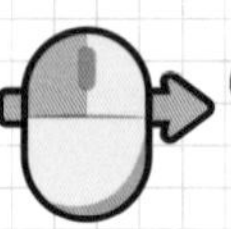

1 セルを選択します

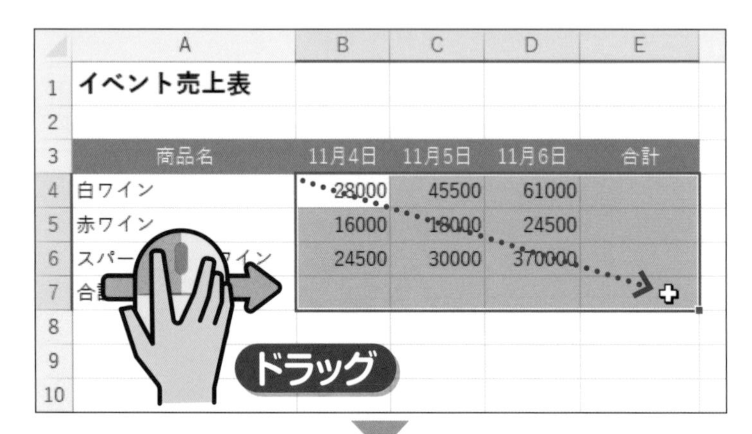

164ページの方法で、B4セルからE7セルを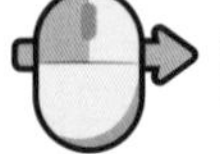ドラッグして選択します。

を左クリックします。

2 カンマをつけます

桁区切りスタイル

に

カーソル

を**移動**して、

左クリックします。

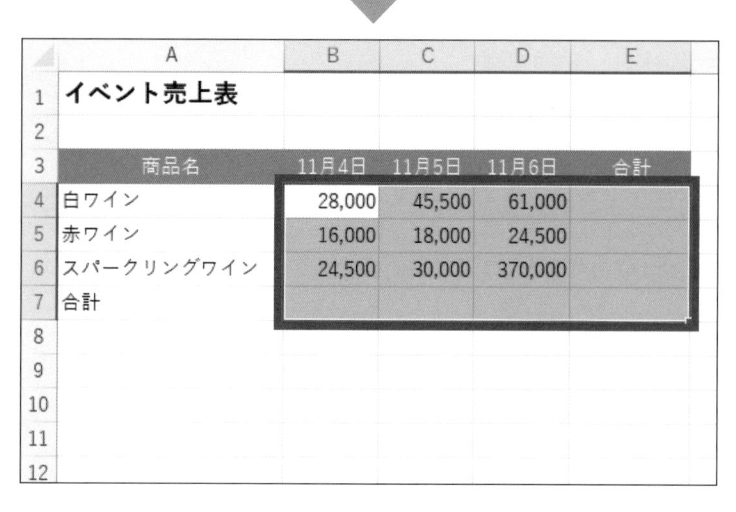

	A	B	C	D	E
1	**イベント売上表**				
2					
3	商品名	11月4日	11月5日	11月6日	合計
4	白ワイン	28,000	45,500	61,000	
5	赤ワイン	16,000	18,000	24,500	
6	スパークリングワイン	24,500	30,000	370,000	
7	合計				
8					
9					
10					
11					
12					

数値にカンマがつきました。

154ページの方法で上書き保存して、エクセルを終了します。

ポイント

E列と7行目のセルには、あとから計算式を入力します。

コラム

「¥」記号もつけられる

通貨表示形式

を**左クリック**すると、「¥」記号とカンマが同時につきます。

5000  ¥5,000

第7章

練習問題

1 以下の表のA列の列幅を変更するときに、ドラッグする場所は次の図のどこですか？

	A	B	C	D
1	支店別売上表			
2				
3	支店名	上期	下期	合計
4	東京本店	¥360,000	¥428,000	¥788,000
5	大阪支店	¥245,000	¥310,000	¥555,000
6	福岡支店	¥210,000	¥263,000	¥473,000
7	合計	¥815,000	¥1,001,000	¥1,816,000

2 数値にカンマをつけるボタンはどれですか？

❶ %　❷ ,　❸

3 セルに色をつけるボタンはどれですか？

第8章

8 エクセルの表に罫線を引こう

この章で学ぶこと

- 「罫線」の意味を理解していますか?
- 格子の罫線を引けますか?
- セルの下に二重罫線を引けますか?
- 罫線を消せますか?
- 表の途中に行を追加できますか?
- 行をまるごと削除できますか?

01 » この章でやること～表の罫線

この章では、表全体に罫線を引く操作と、
不要な罫線を消す操作を覚えましょう。

罫線って何?

ワークシートに表示されている薄いグレーの線は、
画面では見えていても、**実際には印刷されません。**
線を印刷するには、表に**罫線を引く**必要があります。

罫線を引く前（印刷されない薄い線が引かれている）

3	商品名	11月4日	11月5日	11月6日	合計
4	白ワイン	28,000	45,500	61,000	
5	赤ワイン	16,000	18,000	24,500	
6	スパークリングワイン	24,500	30,000	370,000	
7	合計				

罫線を引いたあと（印刷される濃い線が引かれた）

3	商品名	11月4日	11月5日	11月6日	合計
4	白ワイン	28,000	45,500	61,000	
5	赤ワイン	16,000	18,000	24,500	
6	スパークリングワイン	24,500	30,000	370,000	
7	合計				

罫線の種類

この章では、第7章までに作成した「売上表」ファイルに、
次の**2種類の罫線**を引きます。

● 格子

● 下二重罫線

罫線を引くには?

罫線を引くには、次の**2つの操作**を行います。

❶ 罫線を引く範囲を決める

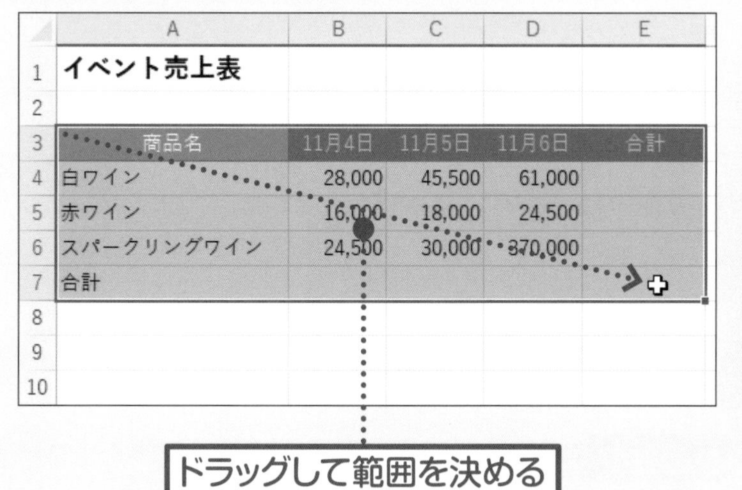

❷ 罫線の種類を選ぶ

罫線

下罫線(O)

上罫線(P)

左罫線(L)

右罫線(R)

枠なし(N)

格子(A)

外枠(S)

種類を選ぶ

02 » 表に格子の罫線を引こう

売上表の表全体に格子の罫線を引きます。
格子の罫線を引くと、縦線、横線、外枠がつきます。

操作

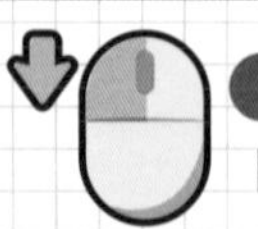

左クリック ▶P.013　ドラッグ ▶P.015

1 表全体を選択します

136ページの方法で、「売上表」ファイルを開いておきます。
164ページの方法で、A3セルからE7セルまで斜め右下に

ドラッグします。

	A	B	C	D	E	F	G
1	イベント売上表						
2							
3	商品名	11月4日	11月5日	11月6日	合計		
4	白ワイン	28,000	45,500	61,000			
5	赤ワイン	16,000	18,000	24,500			
6	スパークリングワイン	14,500	30,000	370,000			
7	合計						
8							

ドラッグ

2 格子の罫線を引きます

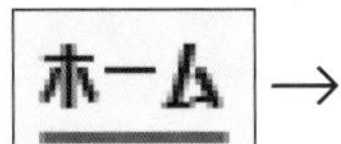
→

罫線 の ⌄ の順に

左クリックします。

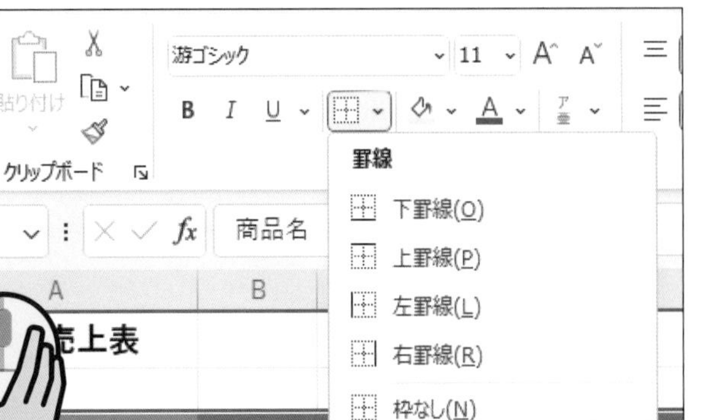

罫線の種類が
一覧で表示されます。

格子(A) を

左クリックします。

	A	B	C	D
1	イベント売上表			
2				
3	商品名	11月4日	11月5日	11月6日
4	白ワイン	28,000	45,500	61,000
5	赤ワイン	16,000	18,000	24,500
6	スパークリングワイン	24,500	30,000	370,000
7	合計			
8				

格子の罫線が引けた

格子の罫線が
引けました。

03 » セルの下に二重罫線を引こう

表の見出しの下に、二重線を引きます。
最初に引いた線が、あとから引いた二重線に置き換わります。

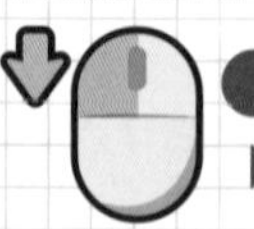

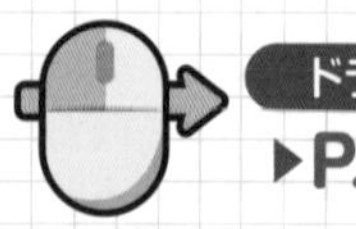

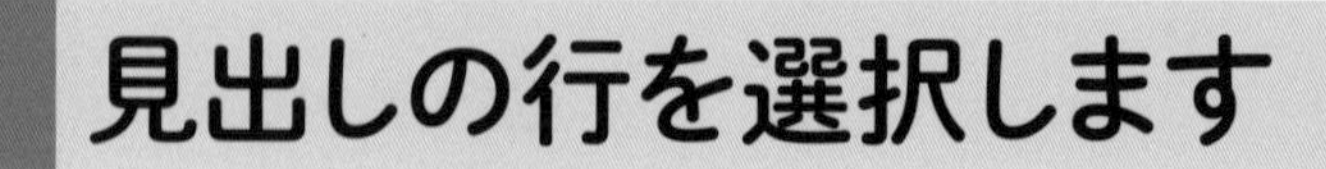

1 見出しの行を選択します

164ページの方法で、A3セルからE3セルまで

ドラッグします。

	A	B	C	D	E	F	G
1	イベント売上表						
2							
3	商品名	11月4日	11月5日	11月6日	合計		
4	白ワイン	28,000	45,500	61,000			
5	赤ワイン	16,000	18,000	24,500			
6	スパークリングワイン	24,500	30,000	370,000			
7	合計						
8							

ドラッグ

2 下二重罫線を引きます

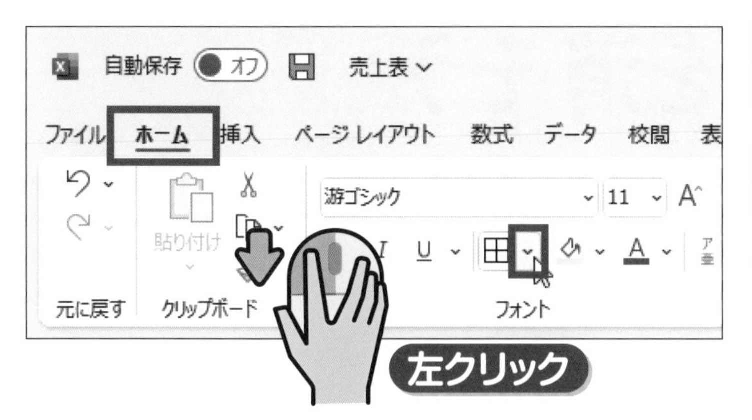

 → 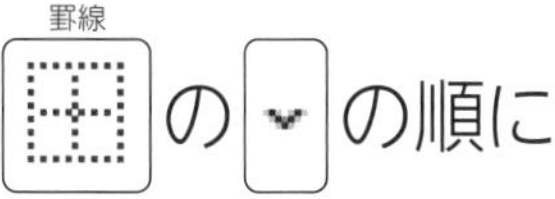 左クリックします。

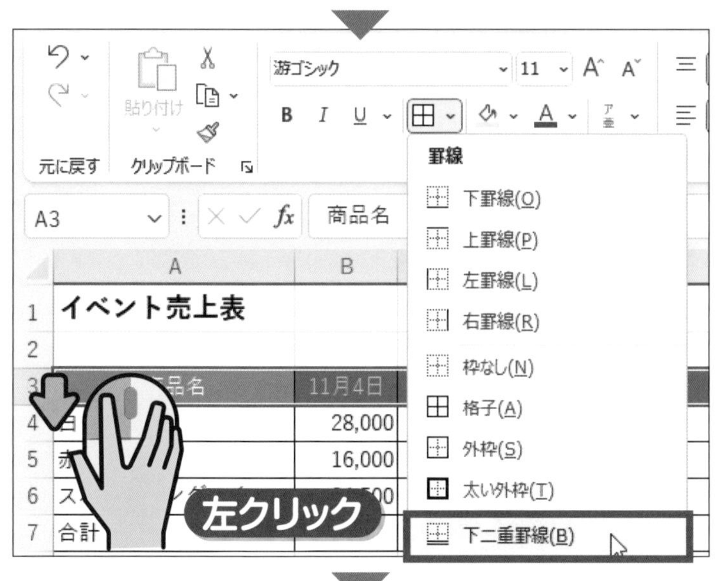

罫線の種類が一覧で表示されます。

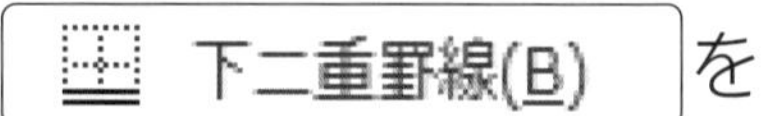 を

 左クリックします。

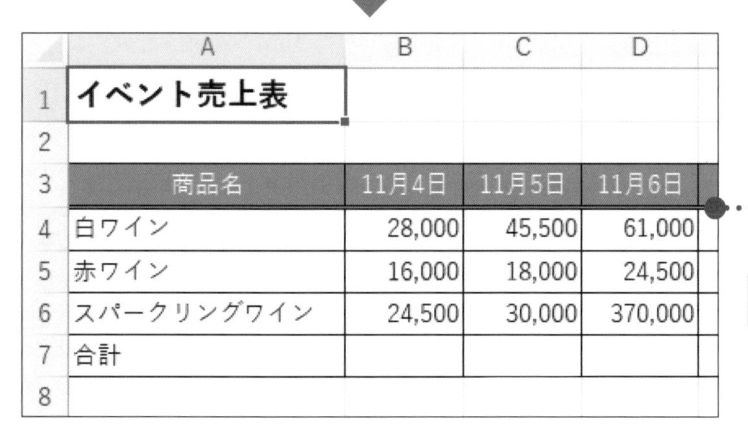

	A	B	C	D
1	イベント売上表			
2				
3	商品名	11月4日	11月5日	11月6日
4	白ワイン	28,000	45,500	61,000
5	赤ワイン	16,000	18,000	24,500
6	スパークリングワイン	24,500	30,000	370,000
7	合計			
8				

見出しの下に二重罫線が引けました。

04 » 罫線を消そう

引いた罫線は、あとから消すことができます。
ここでは、表の下側に引いた格子の罫線を消してみましょう。

1 罫線を消す準備をします

182ページの方法で、B10セルからC12セルに
格子の罫線を引いておきます。

	A	B	C	D	
1	イベント売上表				
2					
3	商品名	11月4日	11月5日	11月6日	合
4	白ワイン	28,000	45,500	61,000	
5	赤ワイン	16	18,000	24,500	
6	スパークリングワイン		0	370,000	
7	合計				
8					
9					
10					
11					
12					
13					

ドラッグ

B10セルから
C12セルを

選択します。

ポイント
ここでは罫線を消去する操作を学習するために、B10セルからC12セルに不要な罫線を引いておきます。

2 罫線を削除します

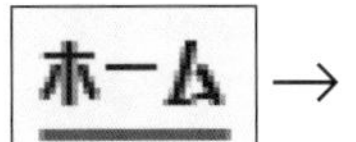
→

の順に

左クリックします。

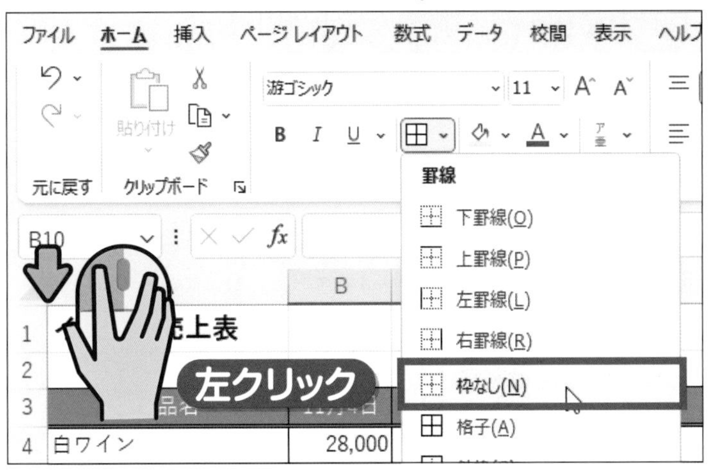

罫線の種類が一覧で表示されます。

枠なし(N) を

左クリックします。

4	白ワイン	28,000	45,500	61,000	
5	赤ワイン	16,000	18,000	24,500	
6	スパークリングワイン	24,500	30,000	370,000	
7	合計				
8					
9					
10					
11					
12					
13					

罫線が削除されました。

05 » 行を追加しよう

表の好きな位置にあとから行を追加できます。
ここでは、5行目と6行目の間に新しい行を追加します。

1 行を選択します

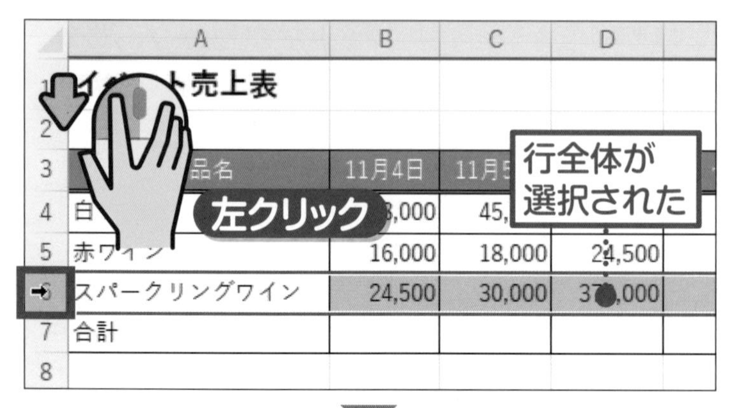

行番号 6 に

カーソル を移動します。

カーソル が ➡ になったら

左クリックします。

を

左クリックします。

2 行を挿入します

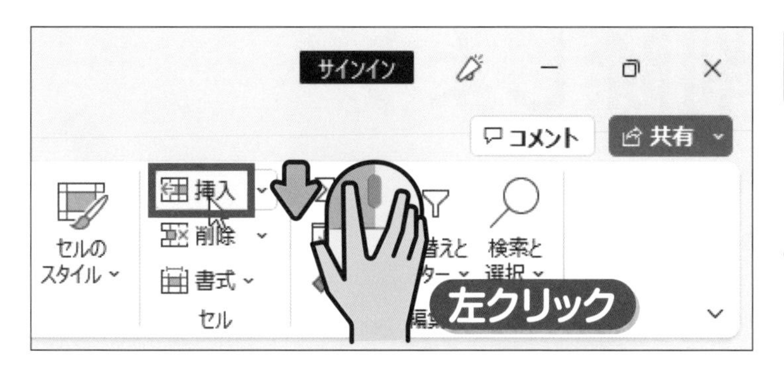

に

カーソルを移動して、

左クリックします。

	A	B	C	D
1	**イベント売上表**			
2				
3	商品名	11月4日	11月5日	11月6日
4	白ワイン	28,000	45,500	61,000
5	赤ワイン	16,000	18,000	24,500
6				
7	スパークリングワイン	24,500	30,000	370,000
8	合計			
9				

行が挿入された

6行目に新しい行が挿入されました。

	A	B	C	D
1	**イベント売上表**			
2				
3	商品名	11月4日	11月5日	11月6日
4	白ワイン	28,000	45,500	61,000
5	赤ワイン	16,000	18,000	24,500
6	ロゼワイン			
7	スパークリングワイン	24,500	30,000	370,000
8	合計			
9				

入力

A6セルに「ロゼワイン」と

入力します。

ポイント

列を挿入する場合は、最初に挿入したい位置の列番号を選択してから手順❷の操作を行います。

06 » 行を削除しよう

不要になったデータを、行ごとまとめて削除します。
ここでは、6行目のデータを削除します。

操作

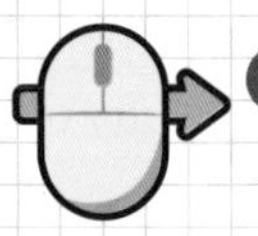

移動 ▶P.012

左クリック ▶P.013

1 削除する行を選択します

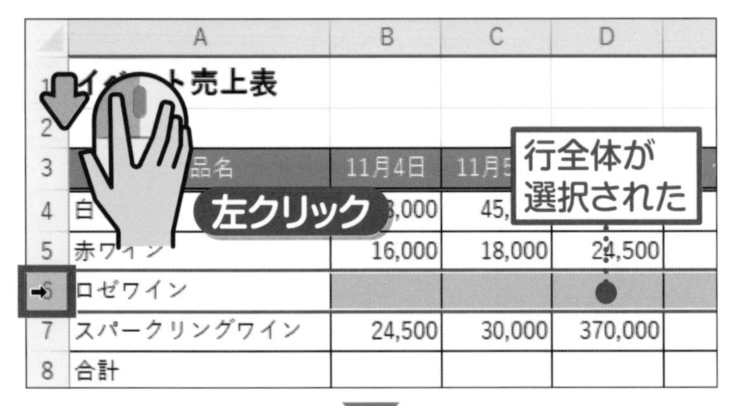

行番号 6 に

カーソルを移動します。

カーソルが ➡ になったら

左クリックします。

ホーム を

左クリックします。

2 行を削除します

 に

カーソル

 を移動して、

 左クリックします。

ポイント

⌄の部分ではなく、削除を左クリックします。

3 行が削除されました

	A	B	C	D
1	**イベント売上表**			
2				
3	商品名	11月4日	11月5日	11月6日
4	白ワイン	28,000	45,500	61,000
5	赤ワイン	16,000	18,000	24,500
6	スパークリングワイン	24,500	30,000	370,000
7	合計			
8				
9				

行が削除され1行上に上がった

6行目が
削除されました。

「スパークリングワイン」のデータが1行分上に上がります。

154ページの方法で
上書き保存して、
エクセルを終了します。

練習問題

1 格子の罫線を引く時に左クリックするボタンはどれですか?

❶ ❷ ❸

2 5行目全体を選択するときに、選択するのはどこですか?

	A ❶	B	C	D
1	支店別売上表			
2				
3	支店名	上期	下期	合計
4	東京本店	¥360,000	¥428,000	¥788,000
❷ 5	大阪支店	¥245,000	¥310,000 ❸	55,000
6	福岡支店	¥210,000	¥263,000	¥473,000
7	合計	¥815,000	¥1,001,000	¥1,816,000

3 以下の画面の状態で、「ホーム」タブの「挿入」を左クリックすると、どの位置に行が挿入されますか?

	A	B	C	D
1	支店別売上表			
2				
3	支店名	上期	下期	合計
4	東京本店	¥360,000	¥428,000	¥788,000
5	大阪支店	¥245,000	¥310,000	¥555,000
6	福岡支店	¥210,000	¥263,000	¥473,000
7	合計	¥815,000	¥1,001,000	¥1,816,000
8				

❶ 7行目と8行目の間

❷ 6行目と7行目の間

❸ 1行目の上

第9章

9 エクセルで計算式を入力しよう

この章で学ぶこと

- 四則演算の計算式を入力できますか?
- SUM関数を使って合計を計算できますか?
- AVERAGE関数を使って平均を計算できますか?
- 計算式を他のセルにコピーできますか?
- エクセルで表を印刷できますか?

01 » この章でやること〜四則演算と関数

これまでの章では、文字の入力を学習しました。
この章では、数値を使って計算を行う表を作成します。

計算式って何?

エクセルでは、表に入力したデータを使って**計算**ができます。
算数で計算式を作るのと同じように、
エクセルでもセルに**計算式を入力**します。

● 算数の計算式

5＋8＝

● エクセルの計算式

＝5＋8

算数と異なり、
＝が計算式の先頭につく

＝A1＋A2

セル番地を使って、セルに入力
されているデータの計算ができる

関数って何?

合計や平均などのよく使う計算は、
エクセルに関数という機能として用意されています。
たとえば、足し算でたくさんのセルの合計を求めるのは大変ですが、
合計のSUM関数を使えば、かんたんに計算できます。

● 足し算で合計した場合

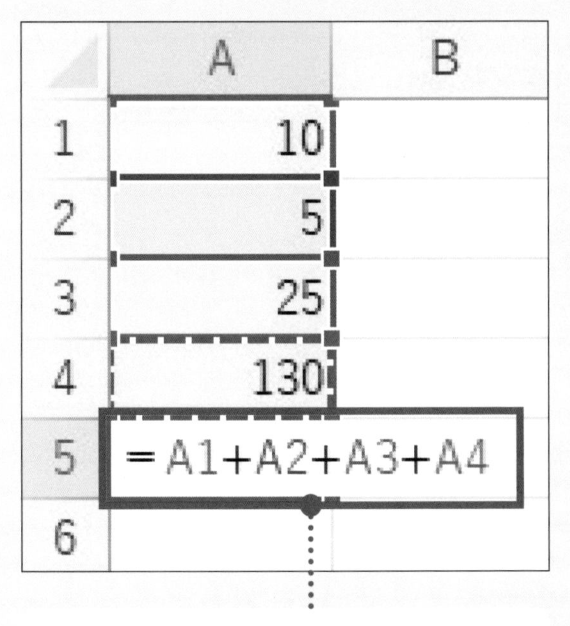

＝A1＋A2＋A3＋A4

● 合計の関数を使った場合

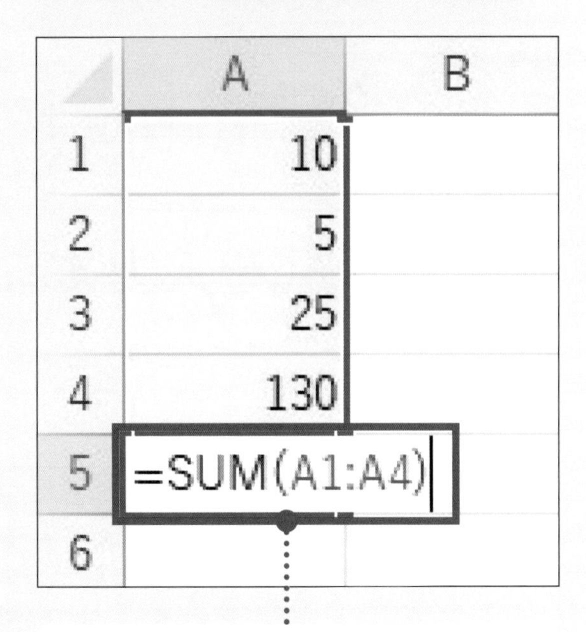

＝SUM(A1:A4)

「A1」や「A2」というのは、126ページで学んだセル番地のことだよ！

02 » 足し算で合計を計算しよう

「白ワイン」の、3日間の売上金額の合計を計算します。
ここでは、足し算を使って計算式を作ります。

▶P.013

▶P.016

1 計算式を入力する準備をします

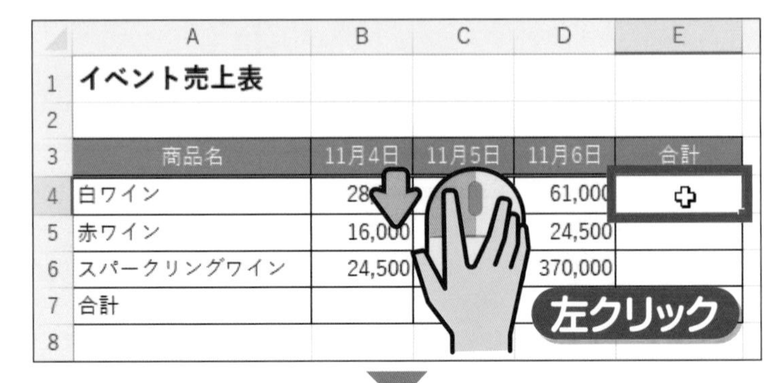

	A	B	C	D	E
1	イベント売上表				
2					
3	商品名	11月4日	11月5日	11月6日	合計
4	白ワイン	28,		61,000	
5	赤ワイン	16,000		24,500	
6	スパークリングワイン	24,500		370,000	
7	合計				
8					

	A	B	C	D	E
1	イベント売上表				
2					
3	商品名	11月4日	11月5日	11月6日	合計
4	白ワイン	28,000	45,500	61,000	=
5	赤ワイン	16,000	18,000	24,500	
6	スパークリングワイン	24,5		0,000	
7	合計				
8					

Shift ＋ = ほ

136ページの方法で、「売上表」を開きます。

E4セルを

左クリックします。

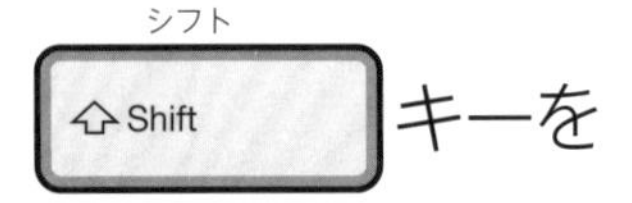

シフト キーを押しながら、= ほ キーを押します。

2 計算式を入力します

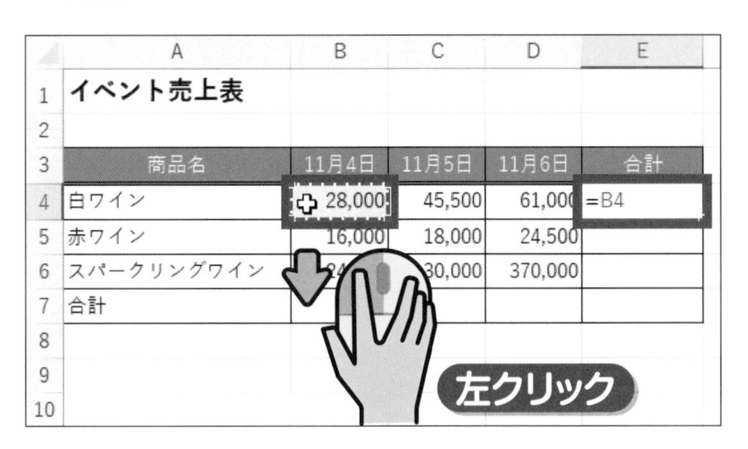

B4セルを

E4セルに、
「=」に続けて
「B4」と入力されます。

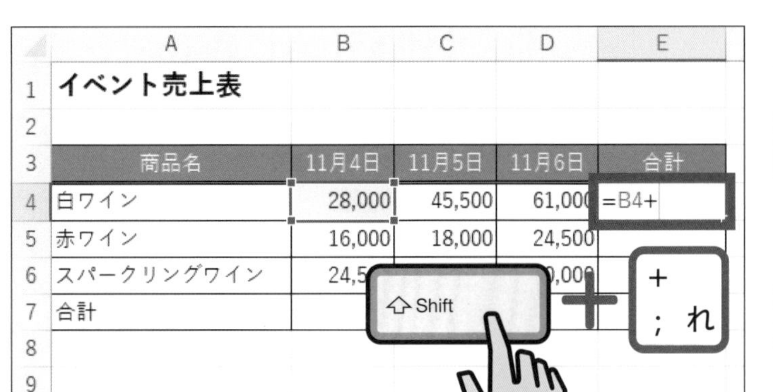

足し算をするため、

シフト
Shift キーを

押しながら、

+ ; れ キーを押します。

C4セルを

「=B4+C4」と
入力されます。

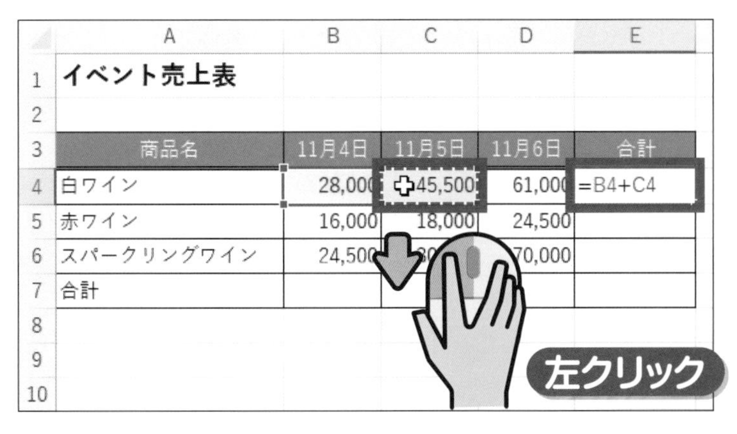

3 計算結果が表示されました

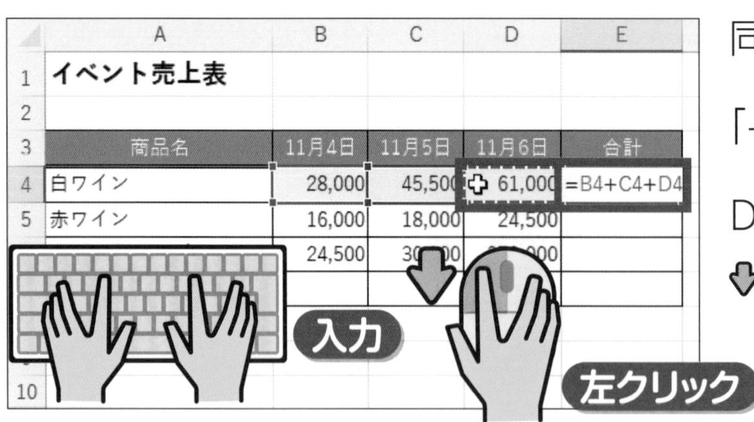

同様の操作で、

「+」を  入力し、

D4セルを

左クリックします。

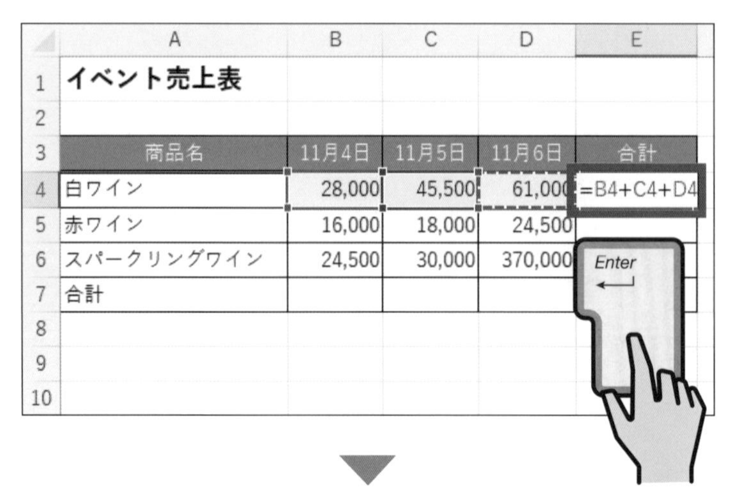

「= B4+C4+D4」と
表示されます。

キーを押します。

	A	B	C	D	E
1	イベント売上表				
2					
3	商品名	11月4日	11月5日	11月6日	合計
4	白ワイン	28,000	45,500	61,000	134,500
5	赤ワイン	16,000	18,000	24,500	
6	スパークリングワイン	24,500	30,000	370,000	
7	合計				
8					
9					
10					

計算が行われ、
E4セルに、
「白ワイン」の3日間の
売上金額の合計が
表示されます。

コラム

四則演算の記号

エクセルで**四則演算の計算**を行うときは、
四則演算の**記号**を使います。四則演算の記号は、
入力モードアイコンを A にしてから、以下のキーを押します。

計算方法	使う記号	キー
足し算	＋（プラス）	Shift ＋ ＋ ; れ
引き算	－（マイナス）	＝ － ほ
掛け算	＊（アスタリスク）	Shift ＋ ＊ : け
割り算	／（スラッシュ）	？ ・ ／ め

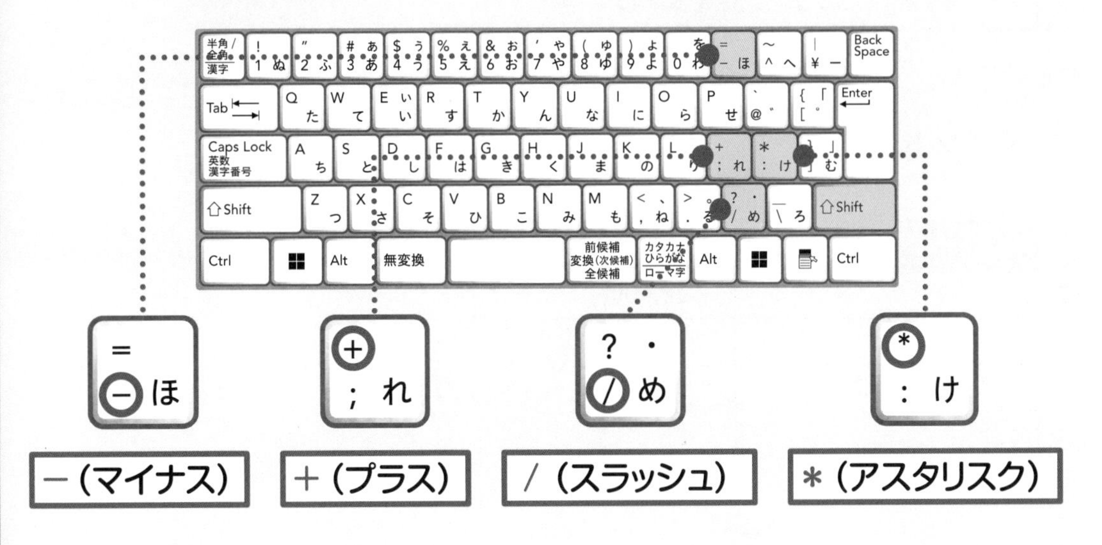

「＋」と「＊」は、

Shift（シフト）キーを押しながら ＋ ; れ ＊ : け キーを押して入力します。

03 » 合計の関数を入力しよう

合計を計算するときは、SUM（サム）関数を使います。
ここでは、「11月4日」の売上金額の合計を計算します。

操作

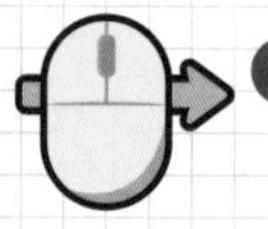

移動
▶P.012

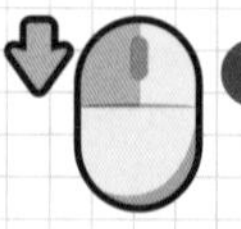

左クリック
▶P.013

1 セルを選択します

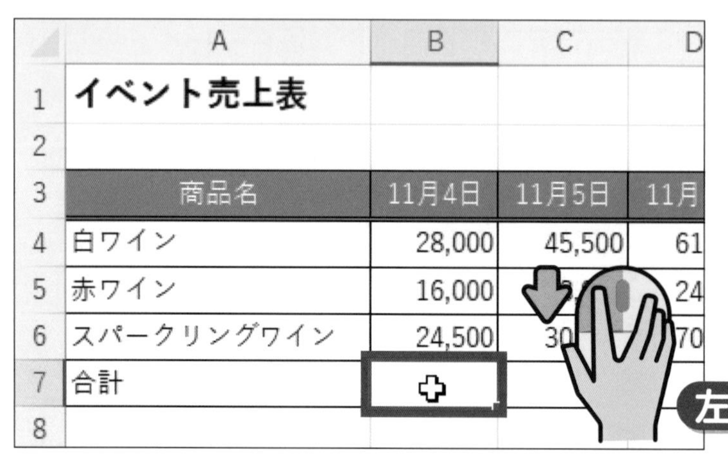

合計を入力するため、B7セルを

左クリックします。

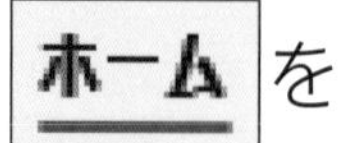

ホーム を

左クリックします。

2 SUM関数を入力します

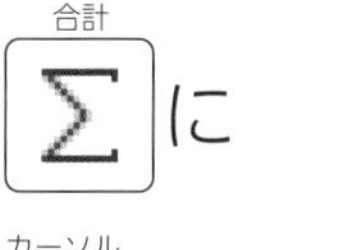
合計

に

カーソル

を移動して、

左クリックします。

3 SUM関数が入力できました

	A	B	C	D
1	イベント売上表			
2				
3	商品名	11月4日	11月5日	11月
4	白ワイン	28,000	45,500	61
5	赤ワイン	16,000	18,000	24
6	スパークリングワイン	24,500	30,000	370
7	合計	=SUM(B4:B6)		
8		SUM(数値1, [数値2], ...)		
9				
10				

SUM関数が入力された

B7セルに、
SUM(サム)関数が
入力されました。

ポイント

左の画面では、B4セルからB6セルが点滅する罫線で囲まれています。これは、B4セルからB6セルまで合計するという意味です。

次へ

4 SUM関数の入力を確定します

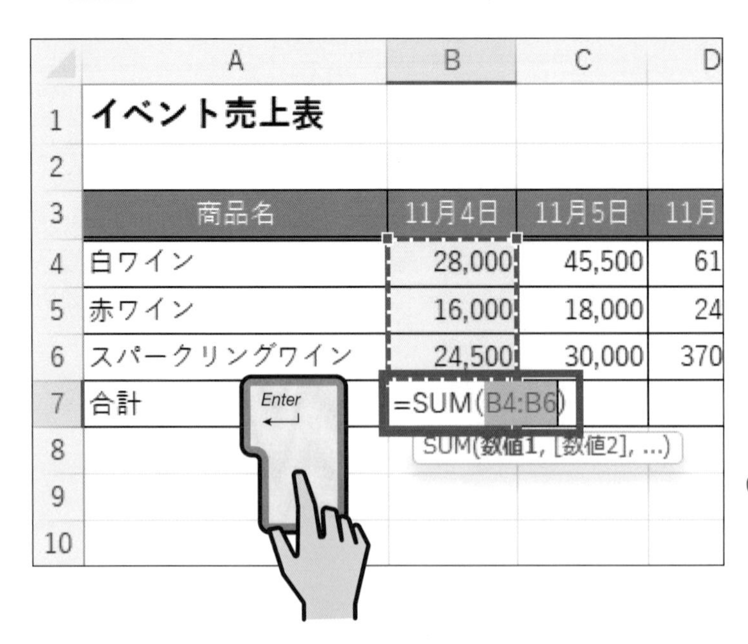

	A	B	C	D
1	イベント売上表			
2				
3	商品名	11月4日	11月5日	11月
4	白ワイン	28,000	45,500	61
5	赤ワイン	16,000	18,000	24
6	スパークリングワイン	24,500	30,000	370
7	合計	=SUM(B4:B6)		
8				
9				
10				

B7セルに

「=SUM(B4：B6)」と

表示されていることを

確認し、

キーを押します。

ポイント

「=SUM(B4:B6)」は、B4セルからB6セルを合計するという意味です。

5 合計が計算できました

	A	B	C	D
1	イベント売上表			
2				
3	商品名	11月4日	11月5日	11月
4	白ワイン	28,000	45,500	61
5	赤ワイン	16,000	18,000	24
6	スパークリングワイン	24,500	30,000	370
7	合計	68,500		
8				
9				
10				

B4セルからB6セルまでの合計が計算された

B7セルに、

B4セルからB6セル

までの合計が

表示されました。

コラム

SUM関数とは?

SUM関数は、指定したセル範囲の**合計**を計算する関数です。

SUM関数は、 合計 [∑] を**左クリック**するだけで入力できます。

ただし、合計する範囲が正しく表示されない場合は、
210ページの方法で、計算を行う**セル範囲を修正**する操作が必要になります。

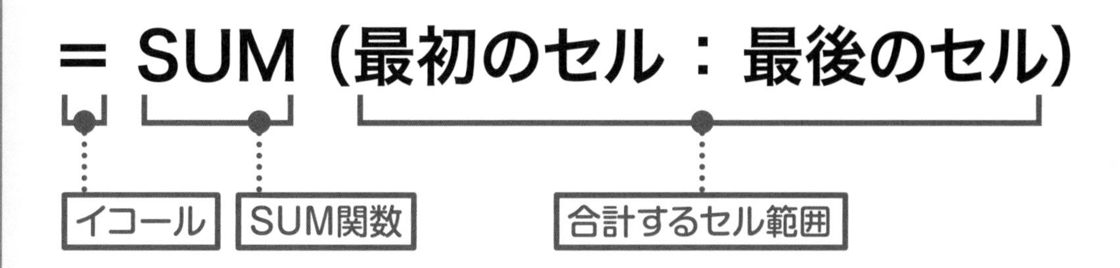

なお、関数を入力し終えたあとで範囲のまちがいに気づいた場合は、210ページの方法ではなく、200ページからやり直します。

04 » 計算式をコピーしよう

ここでは、「白ワイン」以外の商品の売上金額の合計を計算します。
196ページで入力したE4セルの計算式をコピーします。

操作

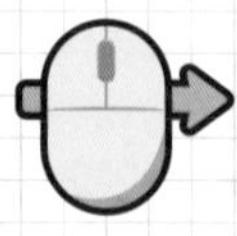
移 動 ▶P.012

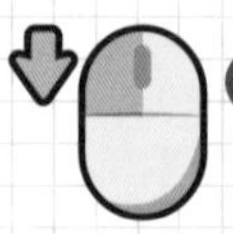
左クリック ▶P.013

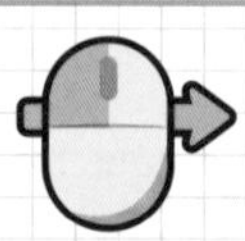
ドラッグ ▶P.015

1 コピー元のセルを選択します

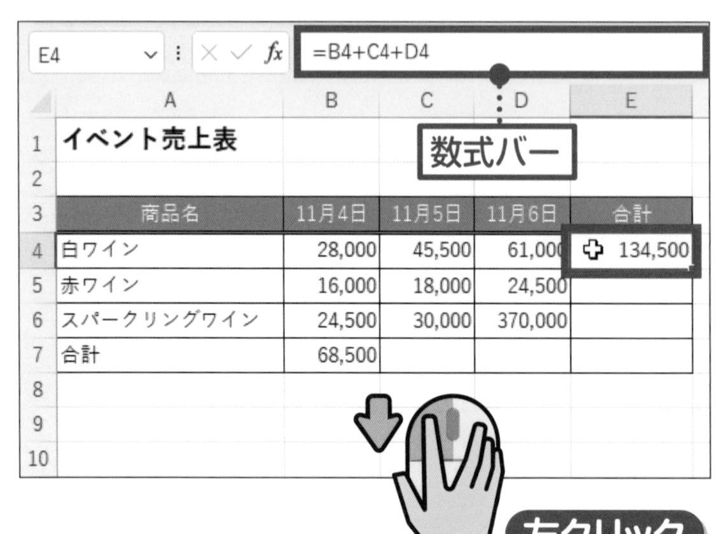

E4セルに
カーソル を移動して、

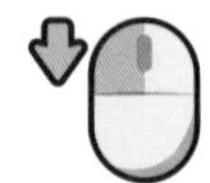
左クリックします。

数式バーを見ると、E4セルに「=B4+C4+D4」の計算式が入力されていることがわかります。この計算式をコピーします。

2 カーソルを移動します

B	C	D	E	F
11月4日	11月5日	11月6日	合計	
28,000	45,500	61,000	134,500	
16,000	18,000	24,500		
24,500	30,000	370,000		
68,500				

E4セルの右下に

カーソル（✚）を移動します。

3 カーソルの形が変化します

B	C	D	E	F
11月4日	11月5日	11月6日	合計	
28,000	45,500	61,000	134,500	
16,000	18,000	24,500		
24,500	30,000	370,000		
68,500				

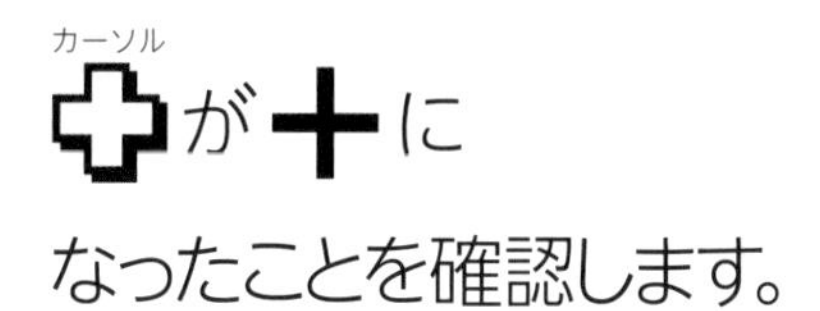

なったことを確認します。

4 計算式をコピーします

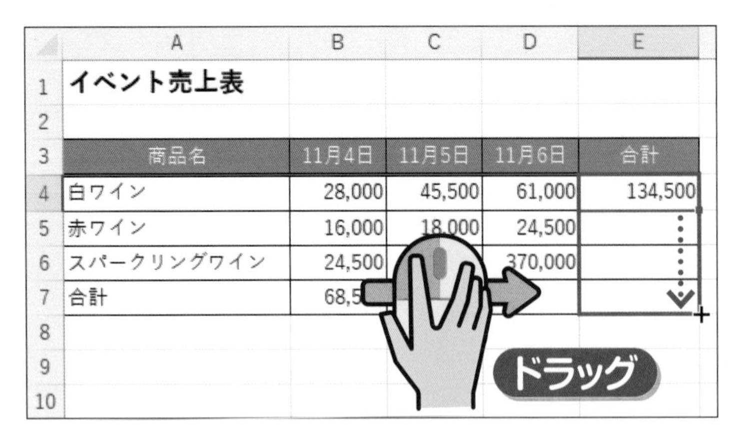

	A	B	C	D	E
1	イベント売上表				
2					
3	商品名	11月4日	11月5日	11月6日	合計
4	白ワイン	28,000	45,500	61,000	134,500
5	赤ワイン	16,000	18,000	24,500	
6	スパークリングワイン	24,500		370,000	
7	合計	68,5			
8					
9					
10					

+の状態のまま、
E7セルまで下方向に
ドラッグします。

	A	B	C	D	E
1	イベント売上表				
2					
3	商品名	11月4日	11月5日	11月6日	合計
4	白ワイン	28,000	45,500	61,000	134,500
5	赤ワイン	16,000	18,000	24,500	58,500
6	スパークリングワイン	24,500	30,000	370,000	424,500
7	合計	68,500			68,500
8					
9					
10					

E4セルの計算式が
コピーされます。

それぞれの商品の
売上金額の合計が
正しく計算されました。

	A	B	C	D	E
1	イベント売上表				
2					
3	商品名	11月4日	11月5日	11月6日	合計
4	白ワイン	28,000	45,500	61,000	134,500
5	赤ワイン	16,000	18,000	24,500	58,500
6	スパークリングワイン	24,500	30,000	370,000	424,500
7	合計	68,500	93,500	455,500	617,500
8					
9					
10					

同様の操作で、
B7セルのSUM関数を
D7セルまでコピーします。

コラム

オートフィルについて

セルに入力されている計算式やデータを
ドラッグ操作でコピーする機能を、**オートフィル**と呼びます。
オートフィルを使う手順は、以下の通りです。

❶ 元になるセルを左クリックする
❷ セルの右下の ■（フィルハンドル）にカーソルを移動する
❸ ■ をコピー先までドラッグする

コラム

計算式をコピーすると…

E4セルに入力した計算式をコピーすると、
それぞれの行の計算式は以下の内容になります。

セル	計算式
E4セル（コピー元）	＝B4＋C4＋D4
E5セル	＝B5＋C5＋D5
E6セル	＝B6＋C6＋D6
E7セル	＝B7＋C7＋D7

コピーする

最初にE4セルに入力した計算式の「B4」や「C4」や「D4」が、
次の行では**自動的**に「B5」や「C5」や「D5」に修正されます。

計算式のセルの行数の数字が**1行ずつずれてコピーされる**
ため、それぞれの行の合計を正しく計算できるのです。

05 » 平均の関数を入力しよう

平均を計算するときは、AVERAGE（アベレージ）関数を使います。
ここでは、「白ワイン」の売上金額の平均を計算します。

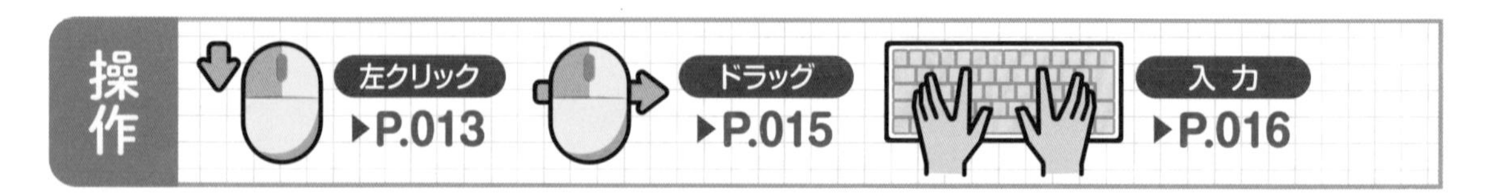

1 セルを選択します

F3セルを左クリックして、「平均」と入力します。

F4セルを左クリックします。

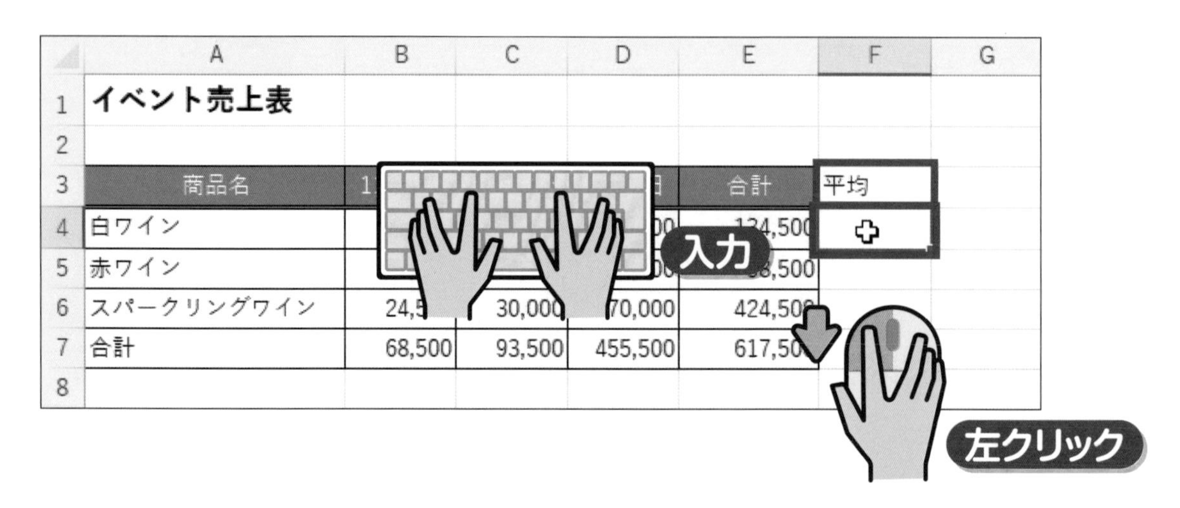

2 AVERAGE関数を入力します　その1

ホーム を

合計
Σ の右側の ⌄ を

3 AVERAGE関数を入力します　その2

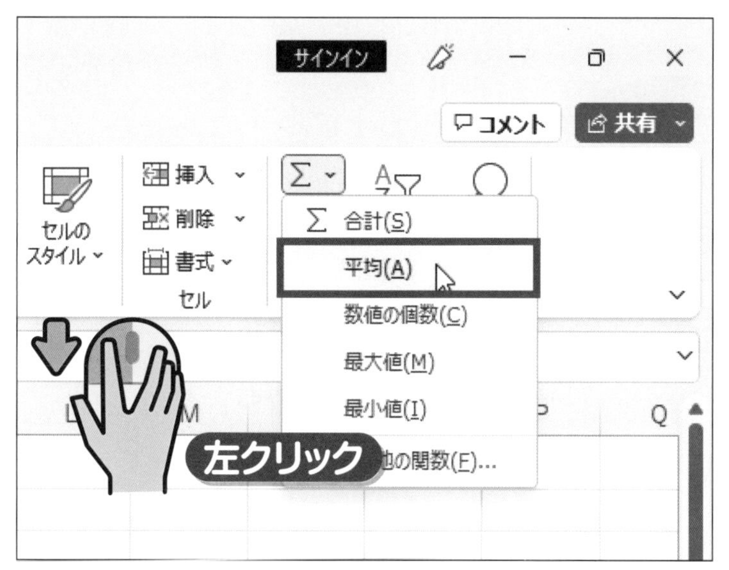

4 AVERAGE関数が入力できました

B	C	D	E	F	G
11月4日	11月5日	11月6日	合計	平均	
28,000	45,500	61,000	134,500	=AVERAGE(B4:E4)	
16,000	18,000	24,500	58,500	AVERAGE(数値1, [数値	
24,500	30,000	370,000	424,500		
68,500	93,500	455,500	617,500		

AVERAGE関数が入力された

F4セルに、
AVERAGE（アベレージ）
関数が入力されました。
ただし、平均する範囲に
E4セルの合計は
必要ありません。

ポイント

B4セルからE4セルが点滅する罫線で囲まれます。これは、B4セルからE4セルまでの平均を計算するという意味です。

5 平均の範囲を修正します　その1

B	C	D	E	F	G
11月4日	11月5日	11月6日	合計	平均	
28,000	45,500	61,000	134,500	=AVERAGE(B4:E4)	
16,000	18,000	24,500	58,500	AVERAGE(数値1, [数値	
[illegible]	30,000	370,000	424,500		
68[illegible]	[illegible]3,500	455,500	617,500		

左クリック

平均する範囲を
修正します。

B4セルを

左クリックします。

ポイント

B4セルは、平均したい範囲の最初のセルです。

6 平均の範囲を修正します　その2

B	C	D	E	F	G
11月4日	11月5日	11月6日	合計	平均	
28,000	45,500	61,000	134,500	=AVERAGE(B4:D4)	
[illegible]	18,000	24,500	[illegible]	AVERAGE(数値1, [数値	
[illegible]	[illegible]	370,000	424,500		
[illegible]	[illegible]	455,500	617,500		

1R x 3C

ドラッグ

そのままD4セルまで
右方向に

ポイント

D4セルは、平均したい範囲の最後のセルです。

7 平均の範囲を修正できました

B	C	D	E	F	G
11月4日	11月5日	11月6日	合計	平均	
28,000	45,500	61,000	134,500	=AVERAGE(B4:D4	
16,000	18,000	24,500	58,500	AVERAGE(数値1, [数値	
24,500	30,000	370,000	424,500		
68,500	93,500	455,500	617,500		

B4セルから
D4セルまでが、
点滅する罫線で
囲まれました。

8 AVERAGE関数の入力を確定します

B	C	D	E	F	G
11月4日	11月5日	11月6日	合計	平均	
28,000	45,500	61,000	134,500	=AVERAGE(B4:D4)	
16,000	18,000	24,500	58,500	AVERAGE(数値1, [数値	
24,500	30,000	370,000	424,500		
68,500	93,500	455,500	617,500		

F4セルに
「=AVERAGE(B4：D4)」
と表示されていることを
確認し、

キーを押します。

ポイント

「=AVERAGE(B4：D4)」は、B4セルからD4セルを平均するという意味です。

9 平均が計算できました

B	C	D	E	F	G
11月4日	11月5日	11月6日	合計	平均	
28,000	45,500	61,000	134,500	44,833	
16,000	18,000	24,500	58,500		
24,500	30,000	370,000	424,500		
68,500	93,500	455,500	617,500		

B4セルからD4セルまでの
平均が計算された

F4セルに、
B4セルから
D4セルまでの
平均が表示されました。

ポイント

204ページの方法でF4セルの計算式をF7セルまでコピーします。

10 平均のセルの書式を整えます

	A	B	C	D	E	F
1	**イベント売上表**					
2						
3	商品名	11月4日	11月5日	11月6日	合計	平均
4	白ワイン	28,000	45,500	61,000	134,500	44,833
5	赤ワイン	16,000	18,000	24,500	58,500	19,500
6	スパークリングワイン	24,500	30,000	370,000	424,500	141,500
7	合計	68,500	93,500	455,500	617,500	205,833
8						

以下のページを参考にして、F4セルからF7セルの書式を整えます。

F4セル	セルの色	168ページ
	文字の色	170ページ
	配置	174ページ
F列	列幅	160ページ
F4セル～F7セル	格子の罫線	182ページ
	下二重罫線	184ページ
F5セル～F7セル	カンマ	176ページ

コラム

AVERAGE関数とは?

AVERAGE関数は、
指定したセル範囲の**平均**を計算する関数です。

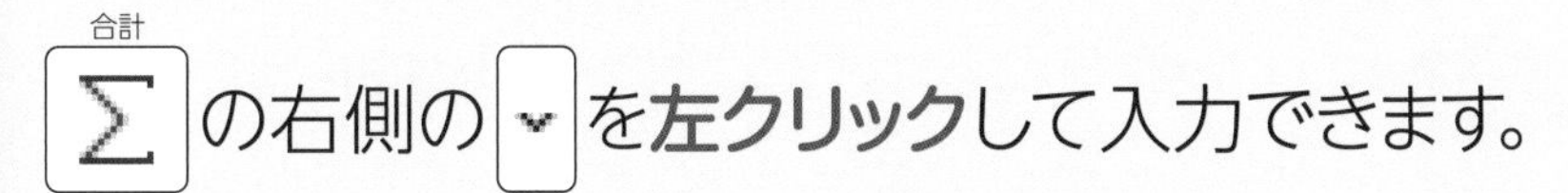

06 » エクセルで表を印刷しよう

ここまでに作成した売上表を印刷しましょう。
実際に印刷する前に、正しく印刷されるかどうかを確認します。

操作

▶P.012

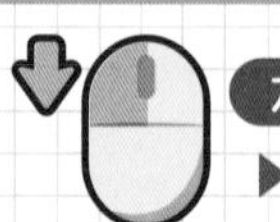

▶P.013

1 「ファイル」タブを左クリックします

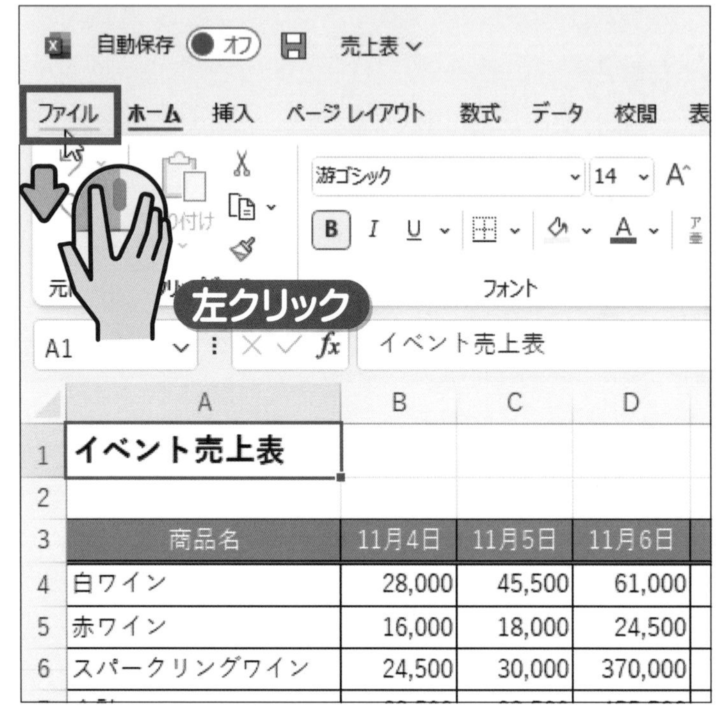

プリンターの準備を整えておきます。

ファイル に

カーソル を移動して、

2 印刷イメージを表示します

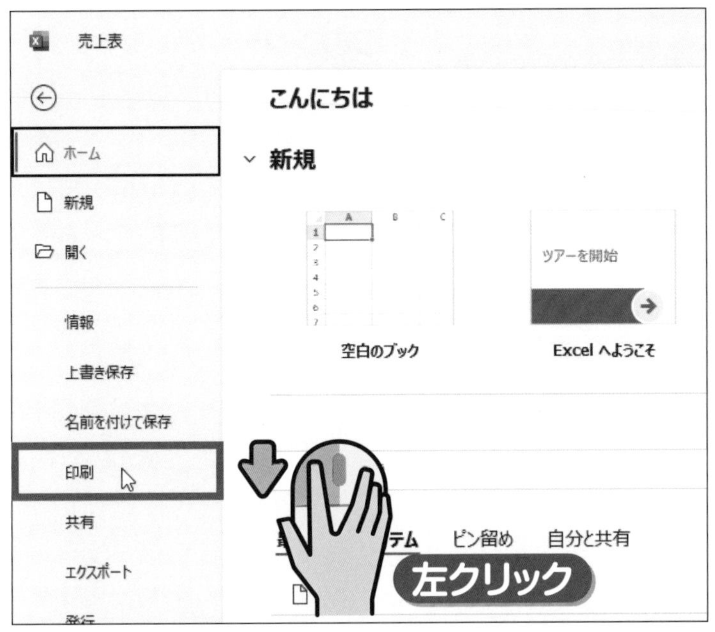

印刷 に カーソルを移動して、左クリックします。

3 印刷イメージが表示されました

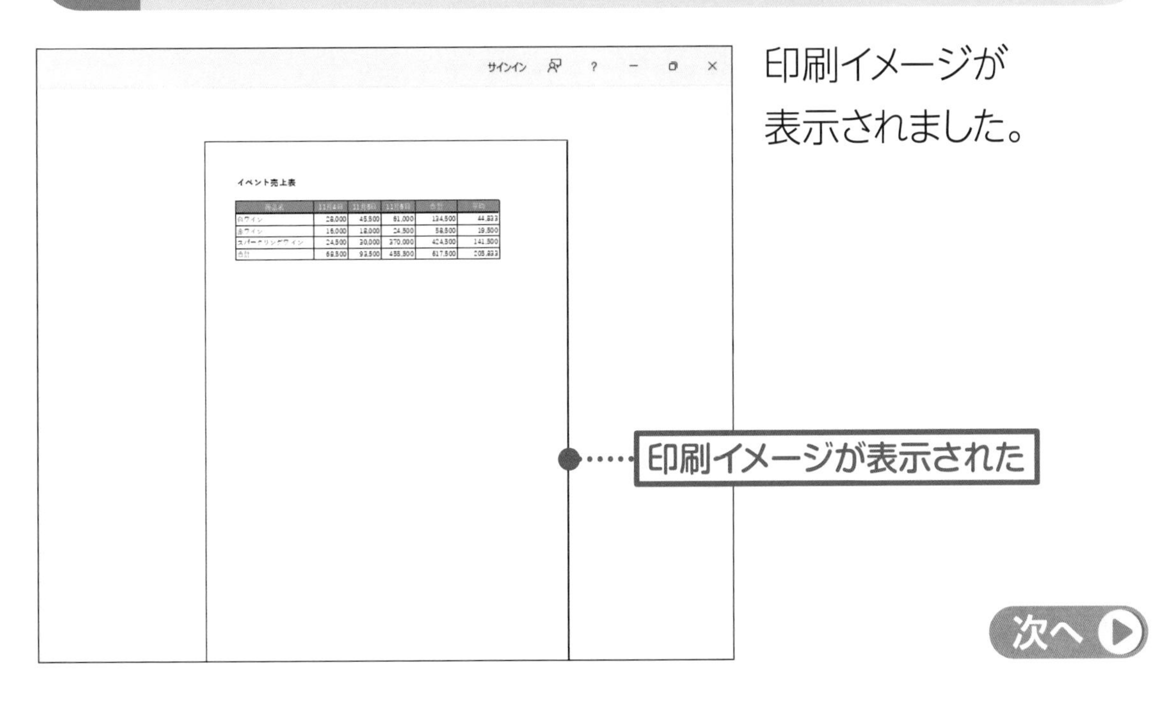

印刷イメージが表示されました。

次へ

4 プリンターを確認します

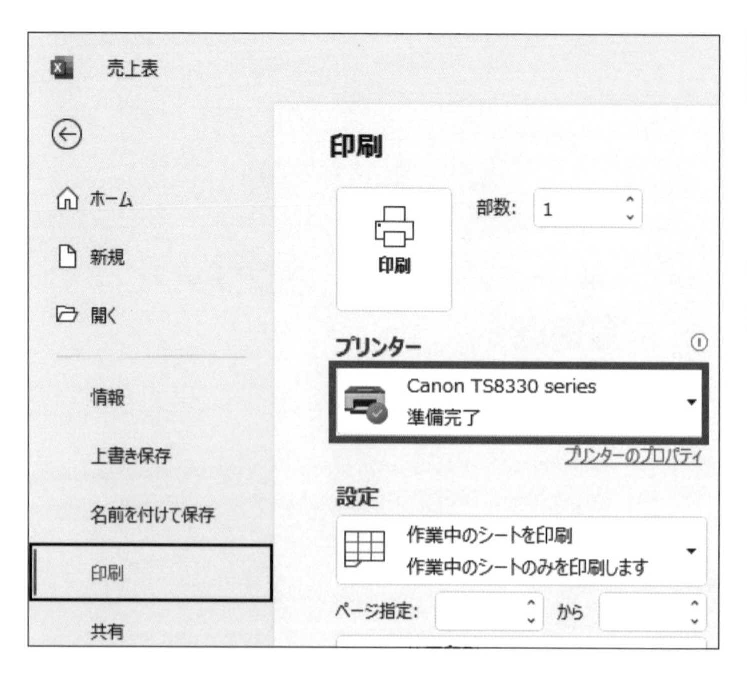

プリンター に、
印刷を行う
プリンターの名前が
表示されていることを
確認します。

5 「印刷」を左クリックします

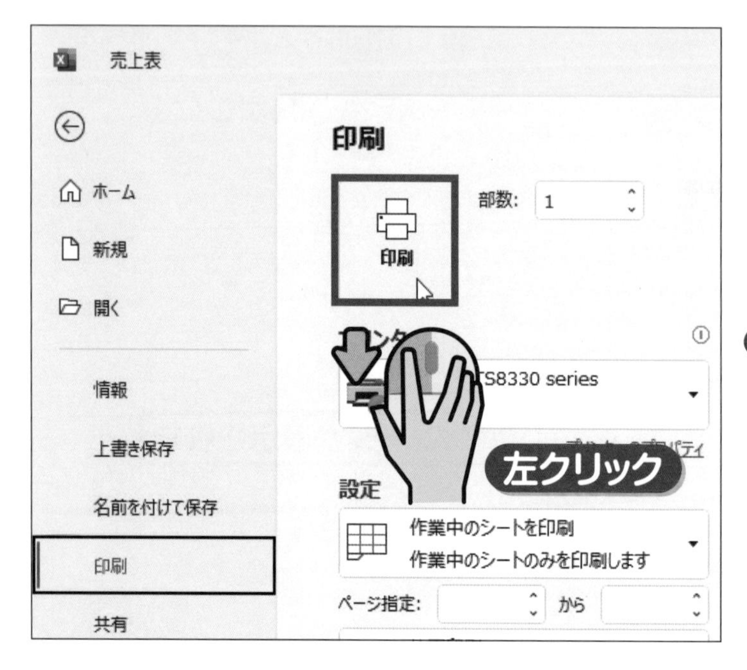

を

左クリックします。

印刷が始まります。

154ページの方法で上書き保存し、エクセルを終了します。

コラム

1ページに収めて印刷するには?

印刷イメージで表が次のページにはみ出している場合は、以下の方法で1ページに収めて印刷することができます。

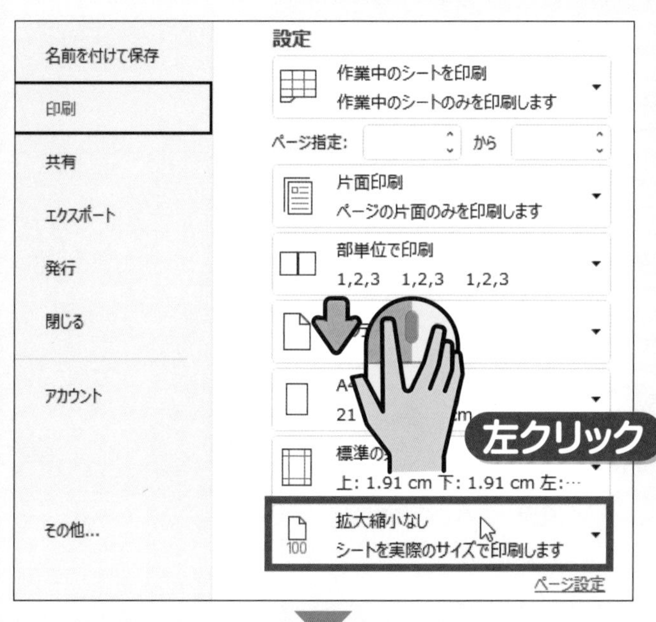

214ページの方法で、印刷イメージを表示します。

拡大縮小なし シートを実際のサイズで印刷します を

左クリックします。

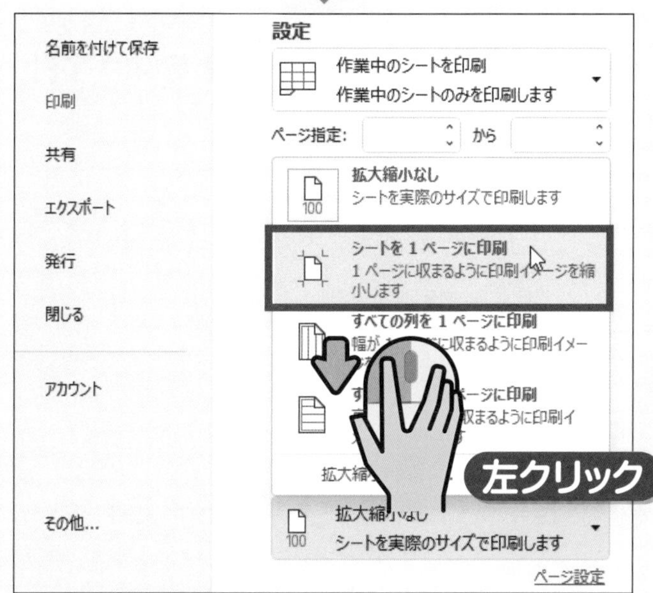

シートを 1 ページに印刷 1 ページに収まるように印刷イメージを縮小します に

カーソルを移動して、

左クリックします。

これで1ページに収まります。

第9章

練習問題

1 計算式の先頭につける記号はどれですか?

❶ ?（クエスチョンマーク）

❷ ＝（イコール）

❸ ＋（プラス）

2 合計を求めるときに使うボタンはどれですか?

❶ Σ　❷ 　❸

3 以下の表で、D4セルに「＝B4＋C4」の計算式が入力されています。この計算式をD5セルにコピーすると、どのような計算式になりますか?

	A	B	C	D
1	支店別売上表			
2				
3	支店名	上期	下期	合計
4	東京本店	¥360,000	¥428,000	¥788,000
5	大阪支店	¥245,000	¥310,000	
6	福岡支店	¥210,000	¥263,000	

❶ ＝B5＋C5　❷ ＝B4＋C5　❸ ＝B5＋C4

第10章

10 ワードとエクセルを組み合わせて使おう

この章で学ぶこと

- エクセルの表をコピーできますか?
- タスクバーでアプリを切り替えられますか?
- コピーした表をワードに貼り付けられますか?
- ワードに貼り付けた表の列幅を変更できますか?

01 » この章でやること ～ワードとエクセルの連携

この章では、ワードの文書にエクセルの表を貼り付ける方法を紹介します。
ワードとエクセルの画面を切り替えながら操作しましょう。

 エクセルの表をワードに貼り付けよう

ワードで作った「報告書」に、
エクセルで作った「売上表」を貼り付けます。

● ワードで作った「報告書」

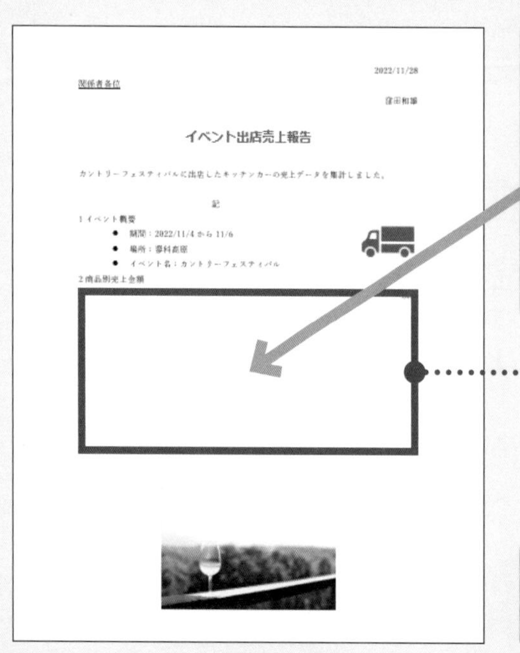

2022/11/28

関係者各位

[illegible]

イベント出店売上報告

カントリーフェスティバルに出店したキッチンカーの売上データを集計しました。

記

1 イベント概要

- 期間：2022/11/4 から 11/6
- 場所：[illegible]
- イベント名：カントリーフェスティバル

2 商品別売上金額

● エクセルで作った「売上表」

イベント売上表

商品名	11月4日	11月5日	11月6日	合計	平均
白ワイン	28,000	45,500	61,000	134,500	44,833
赤ワイン	16,000	18,000	24,500	58,500	19,500
スパークリングワイン	24,500	30,000	370,000	424,500	141,500
合計	68,500	93,500	455,500	617,500	205,833

エクセルの表のこの部分をワードの文書に貼り付ける

ワードの文書のこの位置にエクセルの表を貼り付ける

表を貼り付ける手順

表を貼り付ける手順は、以下の通りです。

❶ エクセルで貼り付ける表をコピーする
❷ ワードに切り替える
❸ コピーしたエクセルの表をワードの文書に貼り付ける

2022/11/28

関係者各位

窪田和雄

イベント出店売上報告

カントリーフェスティバルに出店したキッチンカーの売上データを集計しました。

記

1 イベント概要

- 期間：2022/11/4 から 11/6
- 場所：蓼科高原
- イベント名：カントリーフェスティバル

2 商品別売上金額

商品名	11月4日	11月5日	11月6日	合計	平均
白ワイン	28,000	45,500	61,000	134,500	44,833
赤ワイン	16,000	18,000	24,500	58,500	19,500
スパークリングワイン	24,500	30,000	370,000	424,500	141,500
合計	68,500	93,500	455,500	617,500	205,833

以上

エクセルの表を
ワードの文書に
貼り付けた

02 » ワードで表を貼り付ける準備をしよう

ワードの文書を開き、エクセルの表を貼り付ける準備をします。
最初に、表を貼り付ける場所を指定します。

1 ワードの文書を開きます

30ページの方法で、「報告書」の文書を開きます。

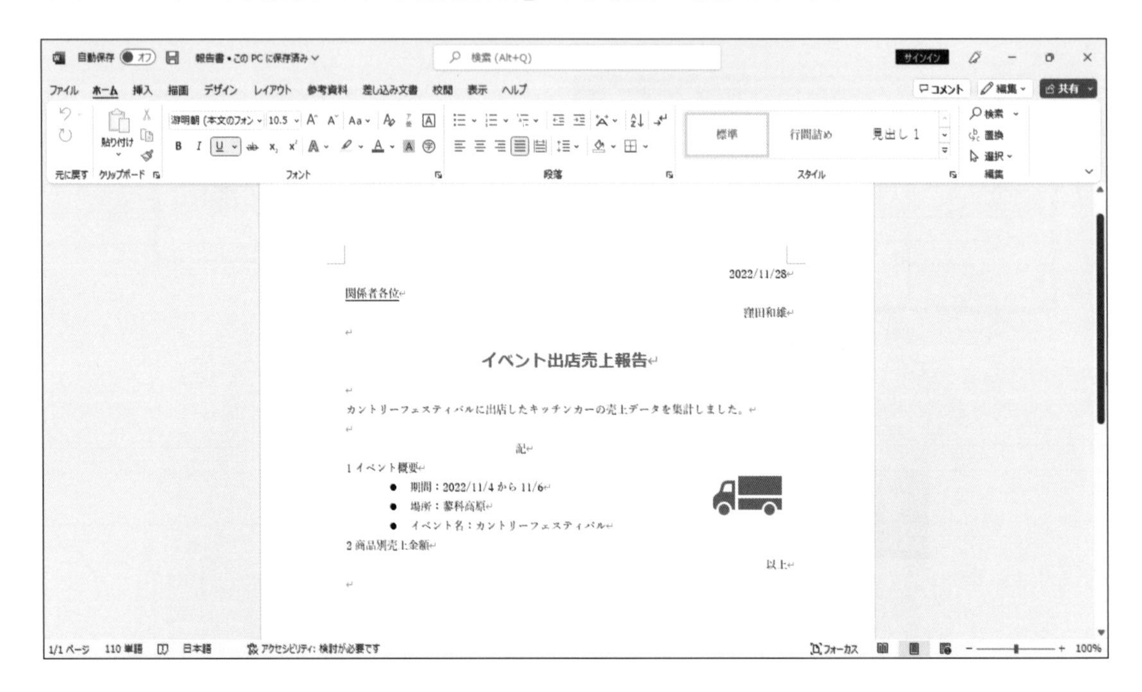

2 表を貼り付ける場所を選択します

記

1 イベント概要

- 期間：2022/11/4 から 11/6
- 場所：蓼科高原
- イベント名：カントリーフェ

2 商品別売上金額

左クリック

「2.商品別売上金額」の末尾の⏎を

左クリックします。

記

1 イベント概要

- 期間：2022/11/4 から 11/6
- 場所：蓼科高原
- イベント名：カントリーフェ

2 商品別売上金額

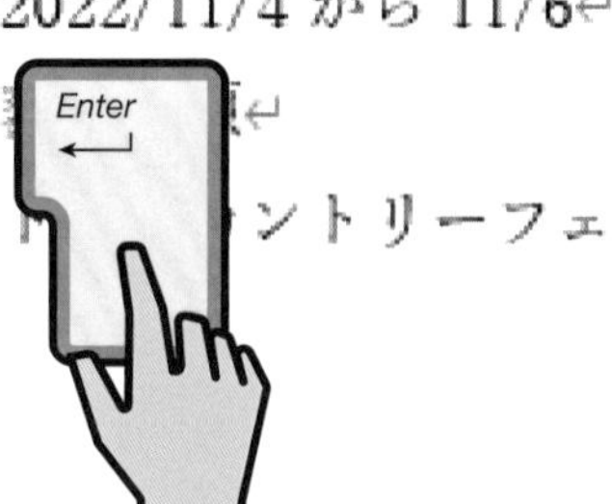

エンター

Enter キーを押します。

記

1 イベント概要

- 期間：2022/11/4 から 11/6
- 場所：蓼科高原
- イベント名：カントリーフェ

2 商品別売上金額

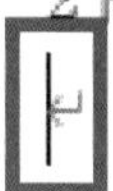

改行できました。

文字カーソル | が次の行の先頭に移動します。

03 » エクセルの表をコピーしよう

エクセルの表をワードに貼り付ける準備をしましょう。
エクセルで、ワード文書に貼り付ける表をコピーします。

操作

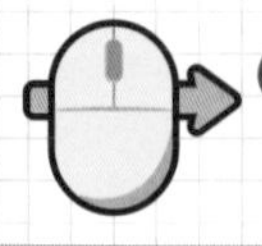

移動 ▶P.012

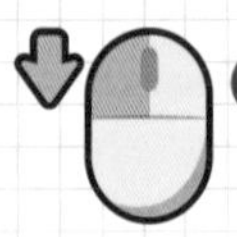

左クリック ▶P.013

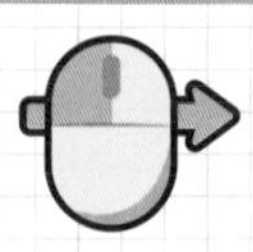

ドラッグ ▶P.015

1 エクセルのファイルを開きます

136ページの方法で、「売上表」を開きます。

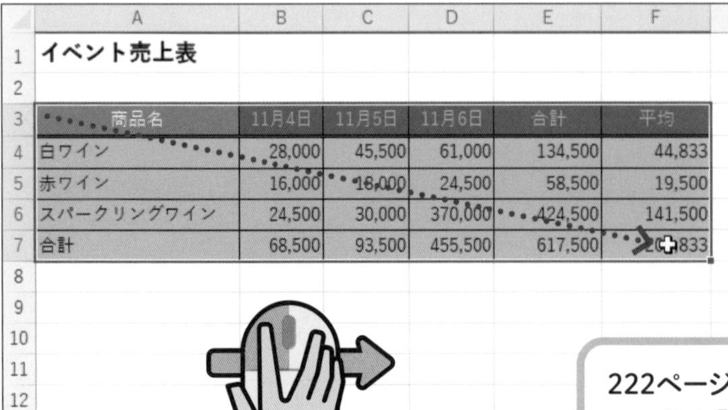

	A	B	C	D	E	F
1	イベント売上表					
2						
3	商品名	11月4日	11月5日	11月6日	合計	平均
4	白ワイン	28,000	45,500	61,000	134,500	44,833
5	赤ワイン	16,000	18,000	24,500	58,500	19,500
6	スパークリングワイン	24,500	30,000	370,000	424,500	141,500
7	合計	68,500	93,500	455,500	617,500	20[illegible]833

A3セルから
F7セルまでを

ドラッグして
選択します。

222ページで表示したワードの「報告書」はそのまま表示しておきます！

2 表をコピーします

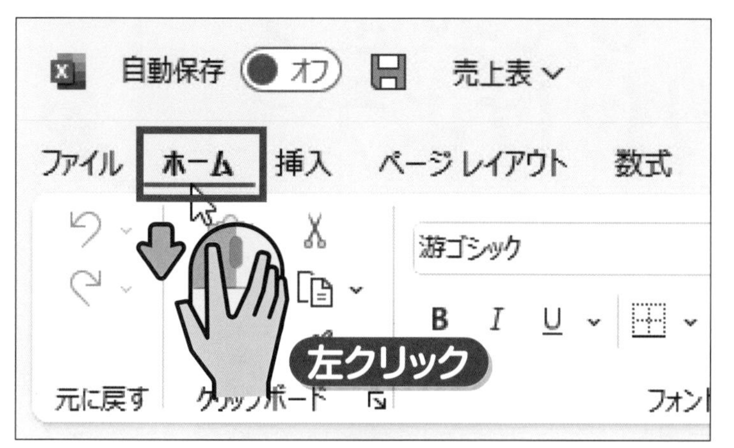

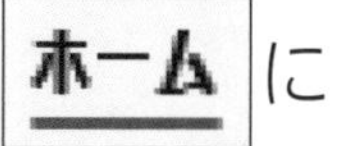に

カーソル
を移動して、

左クリックします。

コピー
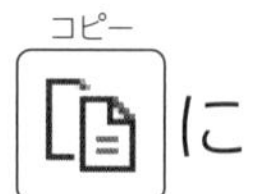に

カーソル
を移動して、

左クリックします。

	A	B	C	D	E	F
1	イベント売上表					
2						
3	商品名	11月4日	11月5日	11月6日	合計	平均
4	白ワイン	28,000	45,500	61,000	134,500	44,833
5	赤ワイン	16,000	18,000	24,500	58,500	19,500
6	スパークリングワイン	24,500	30,000	370,000	424,500	141,500
7	合計	68,500	93,500	455,500	617,500	205,833
8						
9						
10						
11						
12						
13						

A3セルから
F7セルまでが
コピーされます。

ポイント

コピーしたセル範囲が点線で囲まれます。

04 » コピーした表をワードに貼り付けよう

エクセルでコピーした表を、ワードの文書に貼り付けましょう。
ここからは、画面をワードに切り替えて操作します。

1 ワードに切り替えます

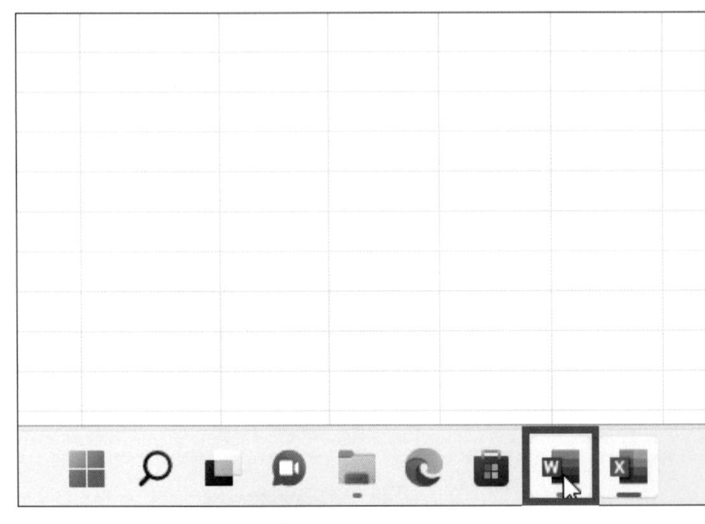

画面下部にある

タスクバーの(ワード)に

2 ワードに切り替わりました

ワードの画面が表示され、「報告書」の文書が表示されます。

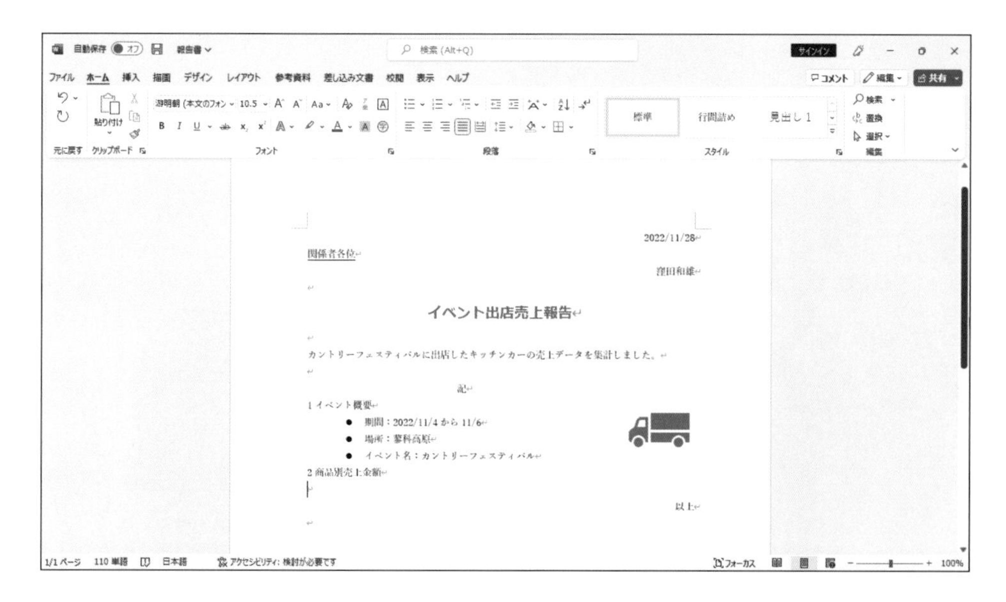

3 貼り付ける場所を確認します

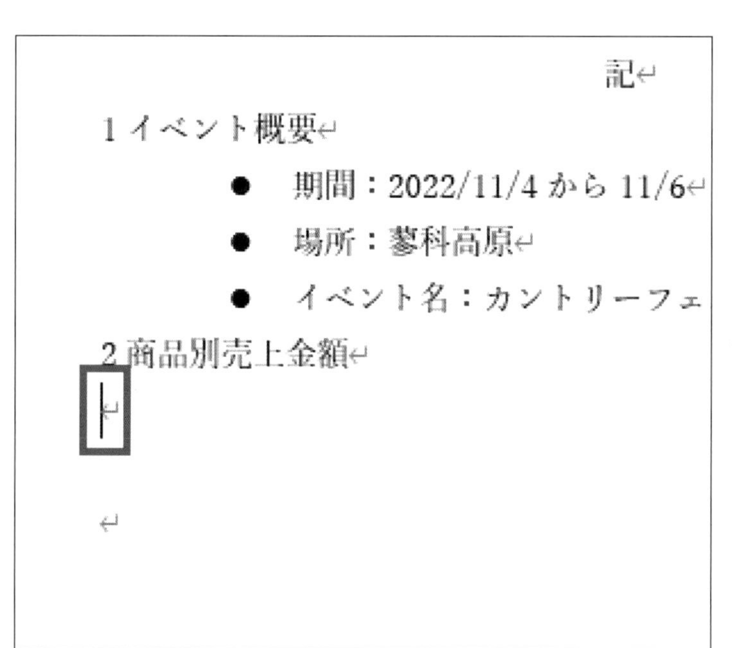

「2. 商品別売上金額」の次の行に |（文字カーソル）が表示されていることを確認します。

ポイント

|（文字カーソル）が正しい場所で表示されていない場合は、「2 商品別売上金額」の次の行を左クリックしてください。

4 表を貼り付けます

ホーム →

貼り付け の順に

左クリックします。

5 表が貼り付けられました

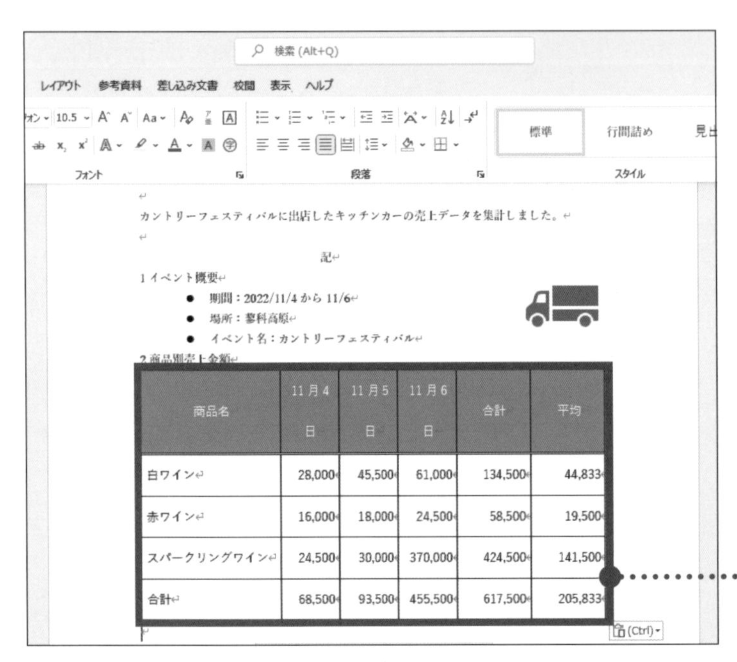

商品名	11月4日	11月5日	11月6日	合計	平均
白ワイン	28,000	45,500	61,000	134,500	44,833
赤ワイン	16,000	18,000	24,500	58,500	19,500
スパークリングワイン	24,500	30,000	370,000	424,500	141,500
合計	68,500	93,500	455,500	617,500	205,833

エクセルの表が、
ワードの文書に
貼り付けられました。

6 エクセルに切り替えます

タスクバーの（エクセル）に

（カーソル）を移動して、

左クリックします。

7 エクセルを終了します

エクセルの画面が表示されます。

134ページの方法でエクセルを終了します。

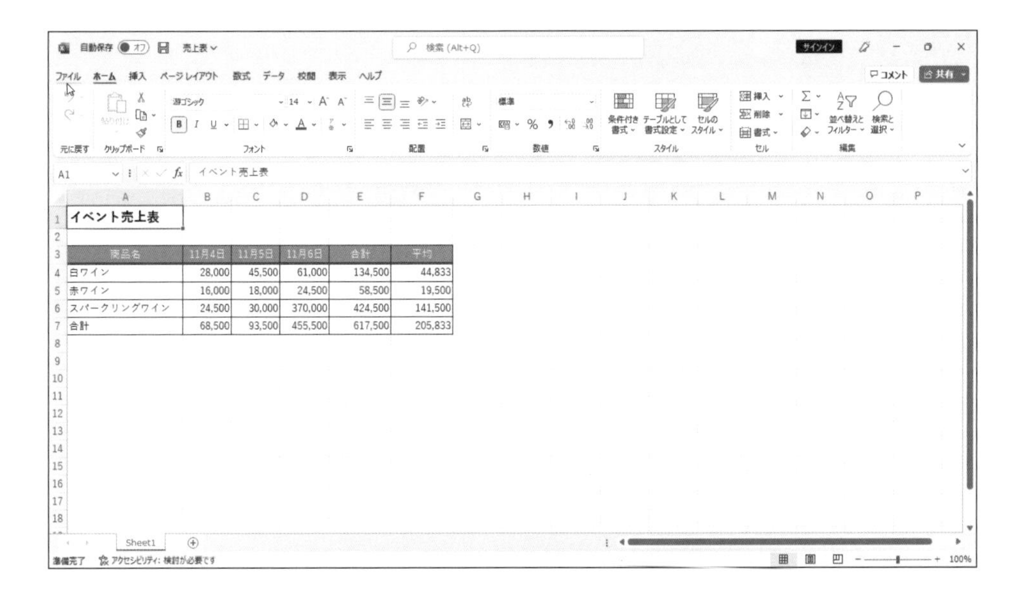

05 » ワードの表の列幅を整えよう

ワードに貼り付けた表の列幅を整えましょう。
「文字列の幅に自動調整」を使うと、列幅をまとめて調整できます。

操作

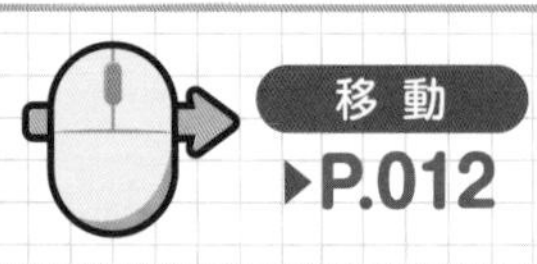

1 表の列幅を整える準備をします

エクセルからワードに貼り付けた表の列幅を変更します。

表内に I (カーソル) を移動して、

右側の レイアウト を

2 表の列幅を調整します

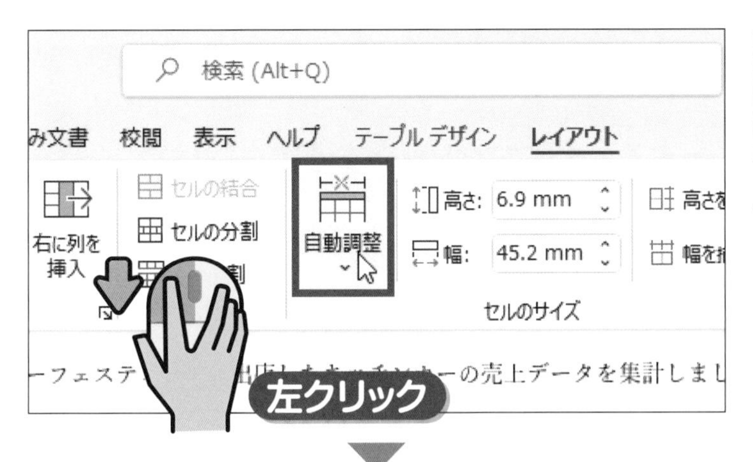

を

左クリックします。

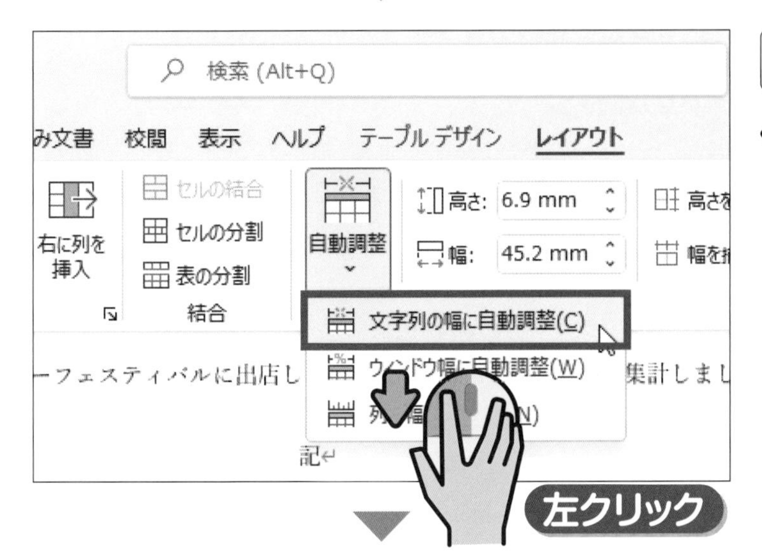

文字列の幅に自動調整(C) を

左クリックします。

2 商品別売上金額

商品名	11月4日	11月5日	11月6日	合計	平均
白ワイン	28,000	45,500	61,000	134,500	44,833
赤ワイン	16,000	18,000	24,500	58,500	19,500
スパークリングワイン	24,500	30,000	370,000	424,500	141,500
合計	68,500	93,500	455,500	617,500	205,833

以上

表の列幅が
自動調整されました。

62ページの方法で
ワードの文書を
上書き保存して
終了します。

練習問題

1 エクセルの表をコピーするときに左クリックするボタンはどれですか？

 ❶  ❷   ❸ 

2 エクセルとワードが起動しているとき、画面をワードに切り替えるときに利用するのはどこですか？

❶ タスクバーのワードのボタン

❷ 「スタート」ボタン

❸ もう一度、ワードを起動し直す

3 ワードにエクセルの表を貼り付けるときに左クリックするボタンはどれですか？

 ❶  ❷  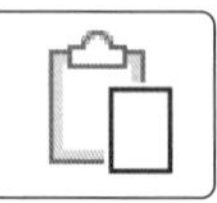 ❸  

第11章

11 ワードやエクセルの便利な機能を知ろう

この章で学ぶこと

- ワードやエクセルをタスクバーに登録できますか?
- 文字を大きく表示できますか?
- 間違えた操作を元に戻せますか?
- 文書や表をPDF形式で保存できますか?
- 保存したファイルを検索できますか?

01 » エクセルやワードをかんたんに起動したい

エクセルやワードをかんたんに起動する方法を紹介します。
画面下のタスクバーに、ボタンを登録しましょう。

操作

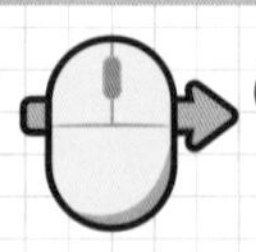

移 動 ▶P.012

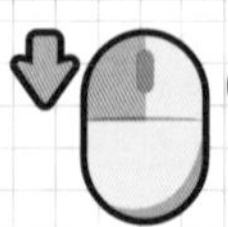
左クリック ▶P.013

右クリック ▶P.013

1 スタート画面でアプリを探します

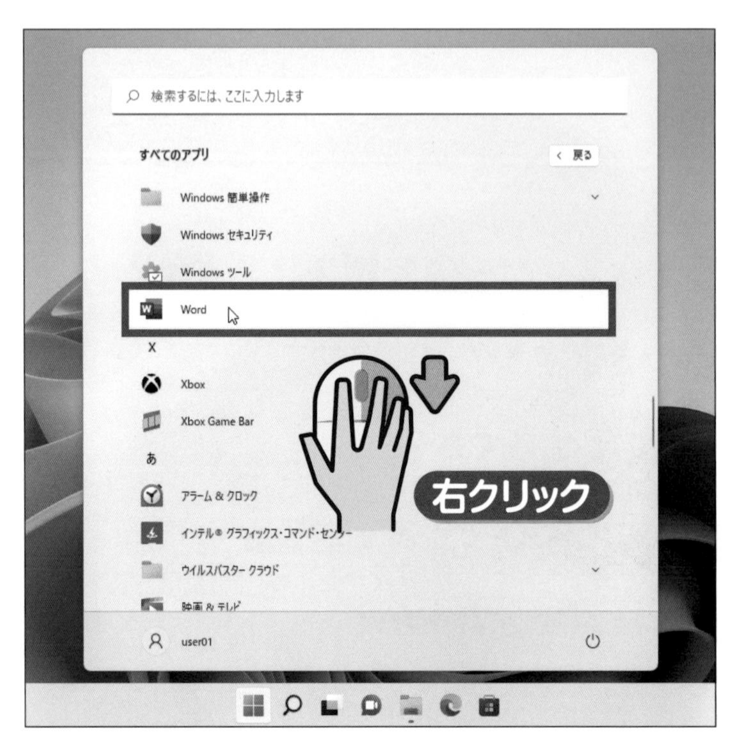

18ページの方法で、
アプリの一覧を
表示します。

カーソルを移動して、

右クリックします。

2 タスクバーにピン留めします

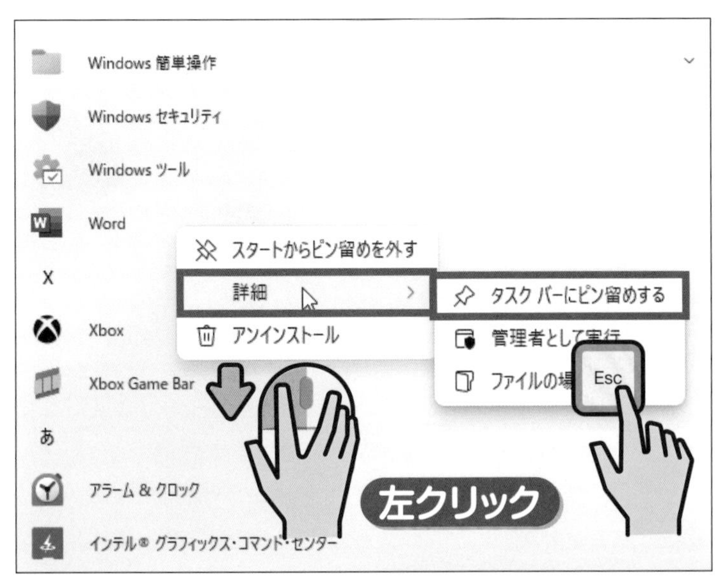

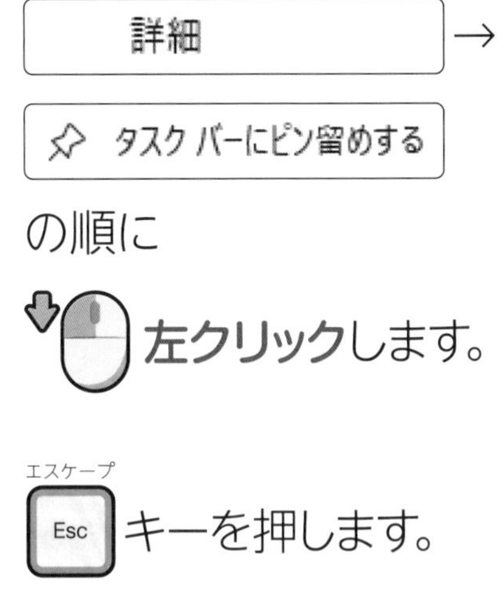

詳細 →

タスク バーにピン留めする

の順に

左クリックします。

エスケープ

Esc キーを押します。

3 ボタンが追加されました

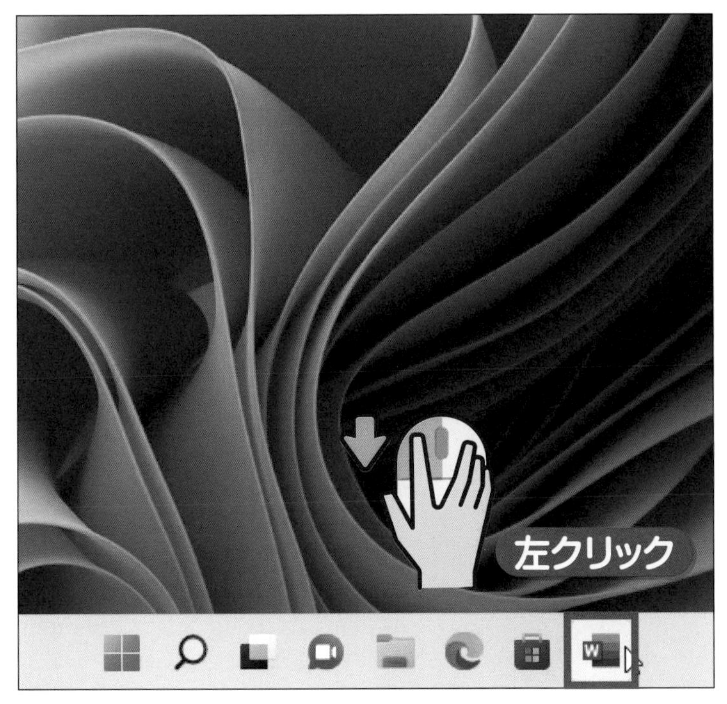

タスクバーに
ボタンが追加されます。

ワード

タスクバーの W を

左クリックすると、

ワードが起動します。

ポイント

エクセルも、同様の方法で追加できます。

02 » 画面を拡大／縮小したい

ズーム機能を使うと、画面の表示倍率を自由に変更できます。
セルの数値や文字が小さくて読みづらいときは、画面を拡大しましょう。

操作

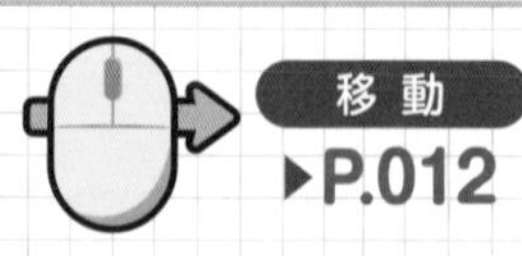

1 拡大／縮小の準備をします

	A	B	C	D	E	F	G	H
1	イベント売上表							
2								
3	商品名	11月4日	11月5日	11月6日	合計	平均		
4	白ワイン	28,000	45,500	61,000	134,500	44,833		
5	赤ワイン	16,000	18,000	24,500	58,500	19,500		
6	スパークリングワイン	24,500	30,000	370,000	424,500	141,500		
7	合計	68,500	93,500	455,500	617,500	205,833		
8								
9								
10								
11								
12								
13								

エクセルを起動し、
表を開いておきます。

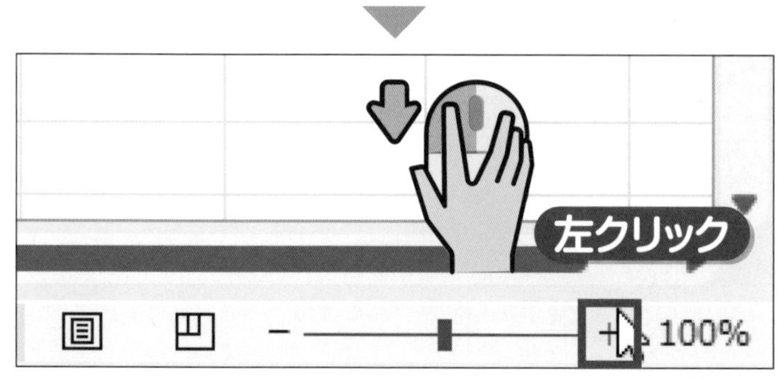

画面右下の ＋（拡大）に
（カーソル）を移動して、
左クリックします。

2 画面を拡大／縮小します

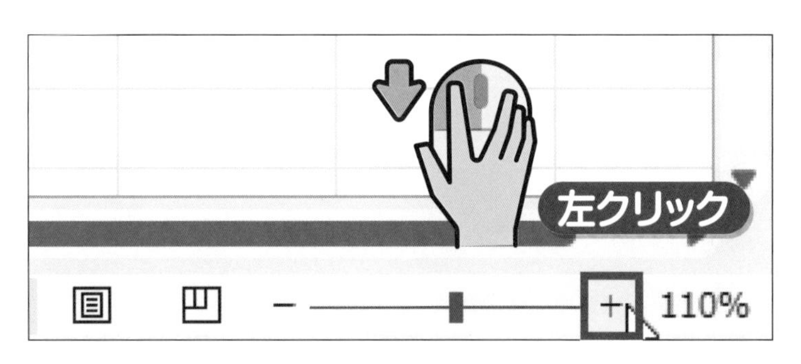

画面の表示倍率が拡大しました。

何度か［＋］（拡大）を

左クリックします。

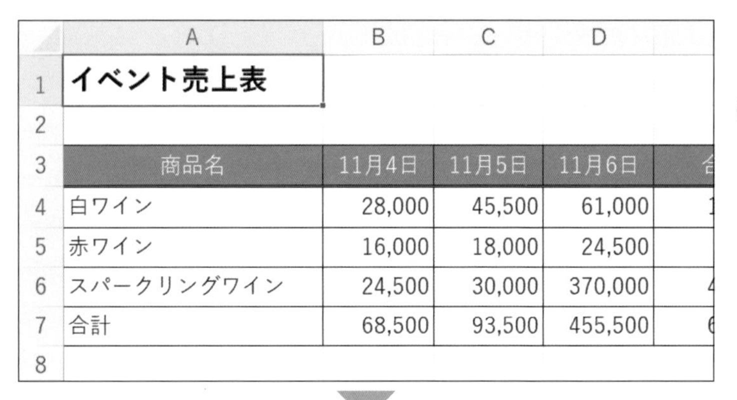

	A	B	C	D
1	イベント売上表			
2				
3	商品名	11月4日	11月5日	11月6日
4	白ワイン	28,000	45,500	61,000
5	赤ワイン	16,000	18,000	24,500
6	スパークリングワイン	24,500	30,000	370,000
7	合計	68,500	93,500	455,500
8				

拡大表示されます。

ポイント

［＋］［－］を左クリックするたびに、10%ずつ拡大／縮小します。

何度か［－］（縮小）を

左クリックします。

	A	B	C	D	E	F	G	H
1	イベント売上表							
2								
3	商品名	11月4日	11月5日	11月6日	合計	平均		
4	白ワイン	28,000	45,500	61,000	134,500	44,833		
5	赤ワイン	16,000	18,000	24,500	58,500	19,500		
6	スパークリングワイン	24,500	30,000	370,000	424,500	141,500		
7	合計	68,500	93,500	455,500	617,500	205,833		
8								
9								
10								

画面が縮小表示されます。

ポイント

ワードも、同様の方法で画面を拡大／縮小できます。

03 » リボンが消えてしまった

画面上部のリボンが消えてしまっても心配いりません。
リボンを消したり表示したりする方法を覚えましょう。

1 リボンが消えてしまった

画面上部のリボンが消えてしまいました。

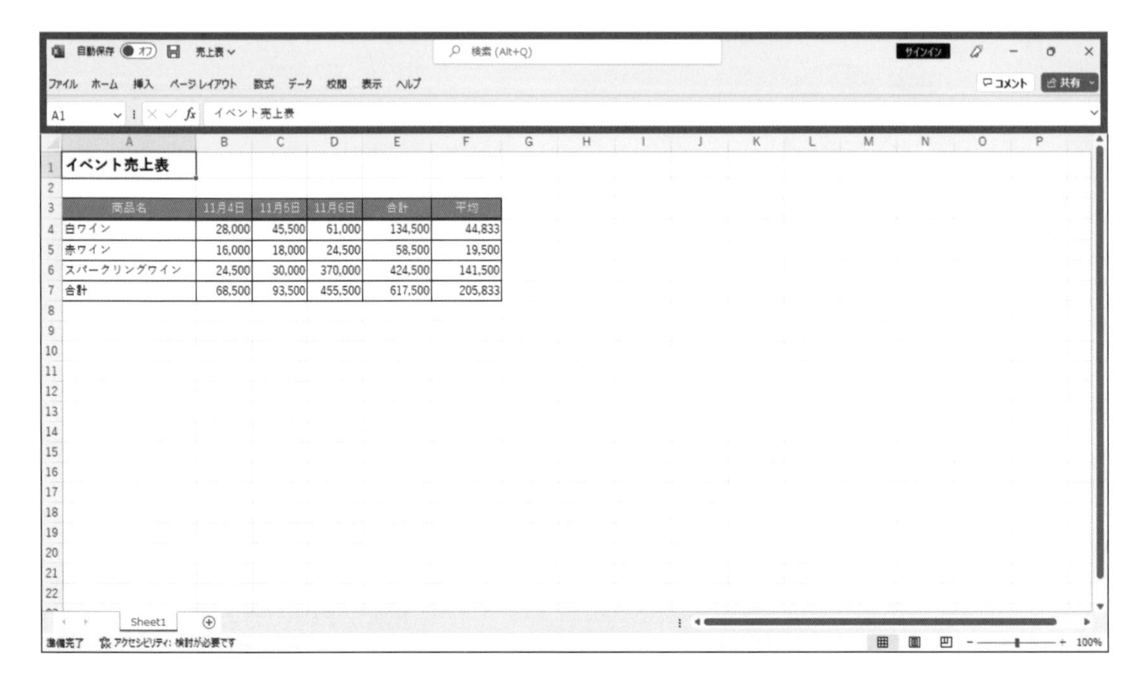

2 リボンを表示します

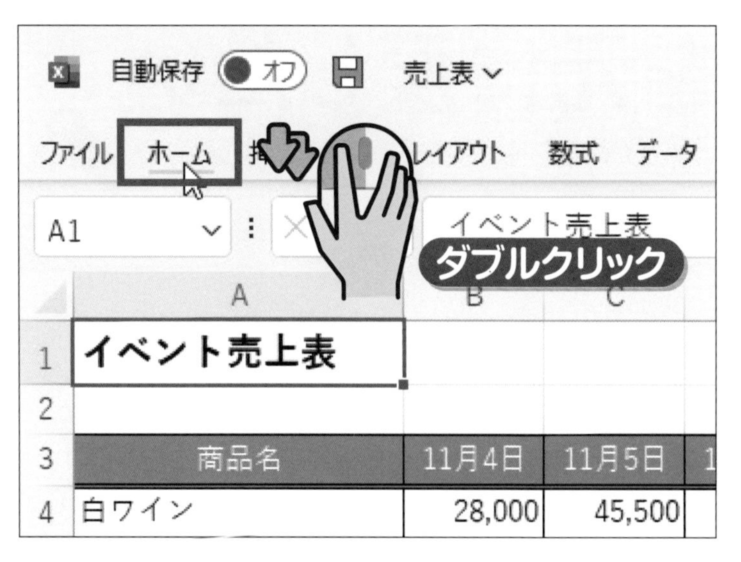

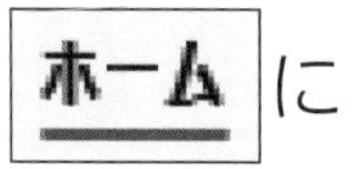

に

カーソル
を移動して、

します。

3 リボンが表示されました

リボンが表示されます。

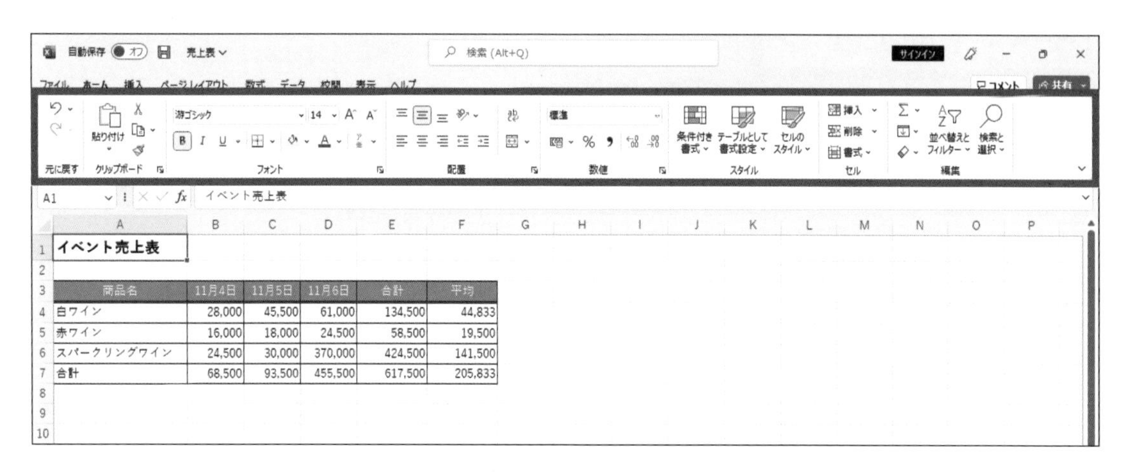

商品名	11月4日	11月5日	11月6日	合計	平均
白ワイン	28,000	45,500	61,000	134,500	44,833
赤ワイン	16,000	18,000	24,500	58,500	19,500
スパークリングワイン	24,500	30,000	370,000	424,500	141,500
合計	68,500	93,500	455,500	617,500	205,833

ポイント

タブをダブルクリックするたびに、表示と非表示が交互に切り替わります。ワードでも同じです。

04 » 操作を元に戻したい

うっかり操作をまちがえてしまうこともあるでしょう。
操作を元に戻す操作を覚えておくと便利です。

操作

1 セルの内容を削除します

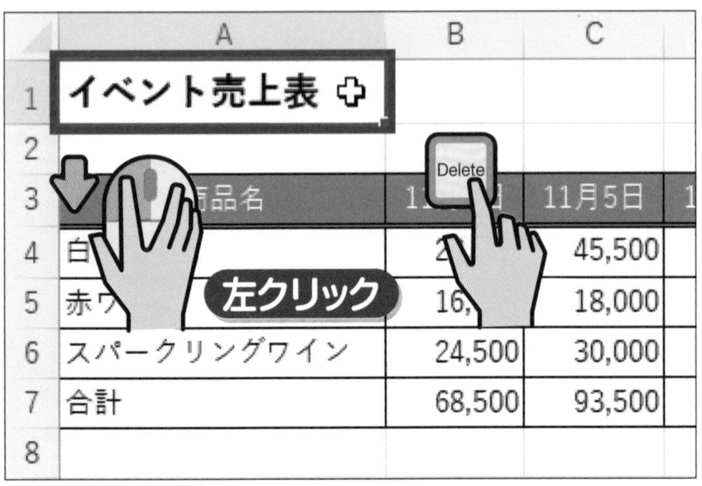

A1セルを

左クリックして、

デリート
Delete キーを押します。

2 操作を元に戻します

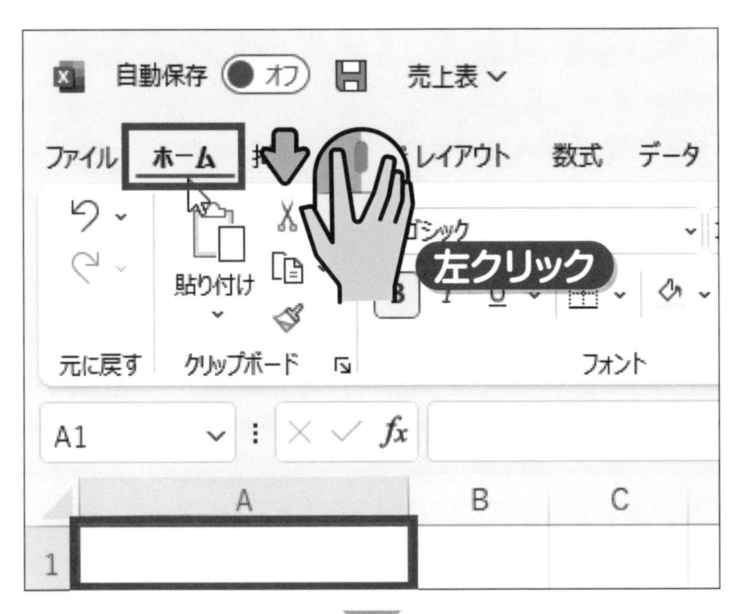

A1セルのデータが
消えました。
この操作を元に戻します。

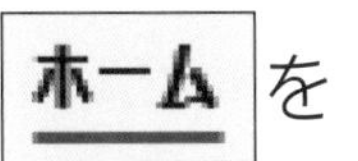を

左クリックします。

元に戻す

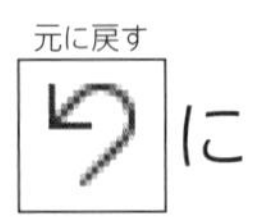に

カーソル

を**移動**して、

左クリックします。

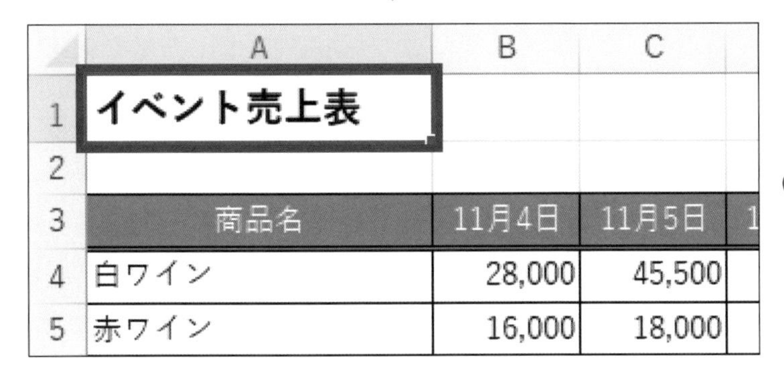

A1セルのデータが
元に戻ります。

ポイント

(元に戻す)を左クリックするたびに、1段階ずつ操作を戻すことができます。

05 » 表や文書をPDF形式で保存したい

ワードの文書やエクセルの表をPDF形式で保存すると、
ワードやエクセルを持っていない人でも、ファイルを表示できます。

1 ワード文書を開きます

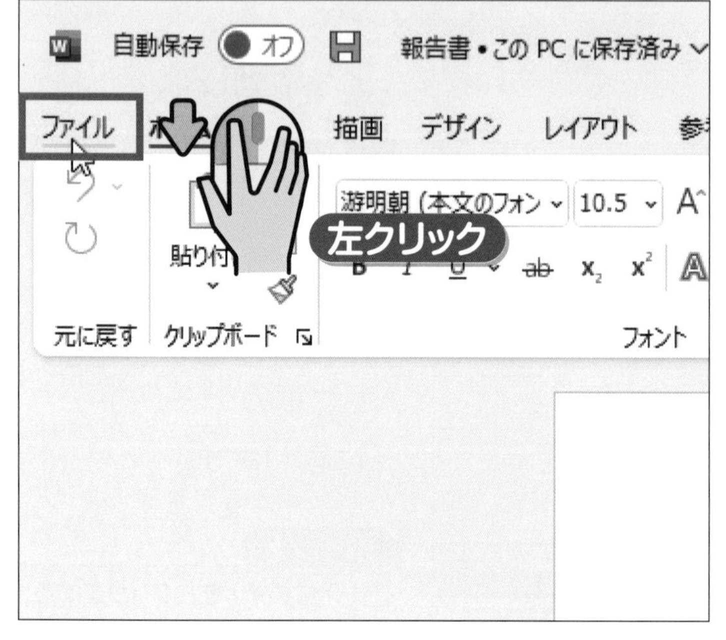

ファイル に
カーソル
を移動して、

左クリックします。

ポイント

エクセルでも、同じ方法でPDFファイルを保存できます。なお、PDFファイルで文書や表を修正することはできません。閲覧専用のファイルです。

2 PDFファイルで保存する準備をします

を

左クリックします。

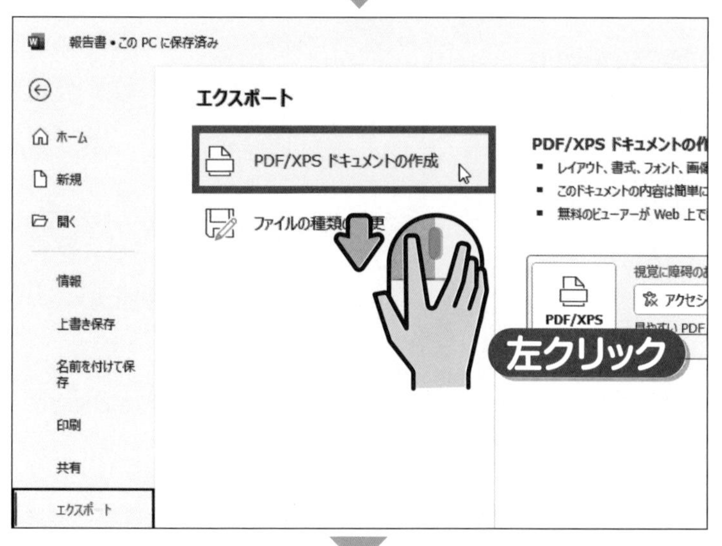

を

左クリックします。

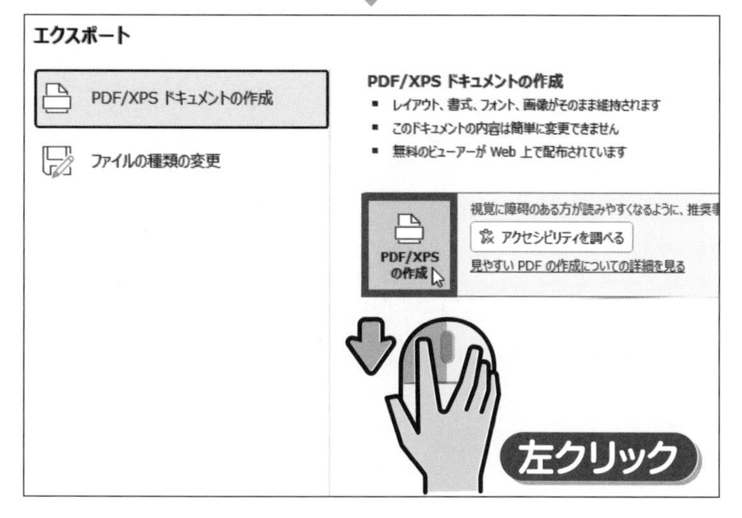

を

左クリックします。

3 保存する場所を指定します

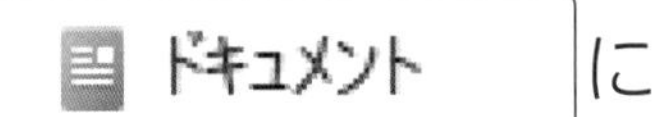

に

カーソル を移動して、

左クリックします。

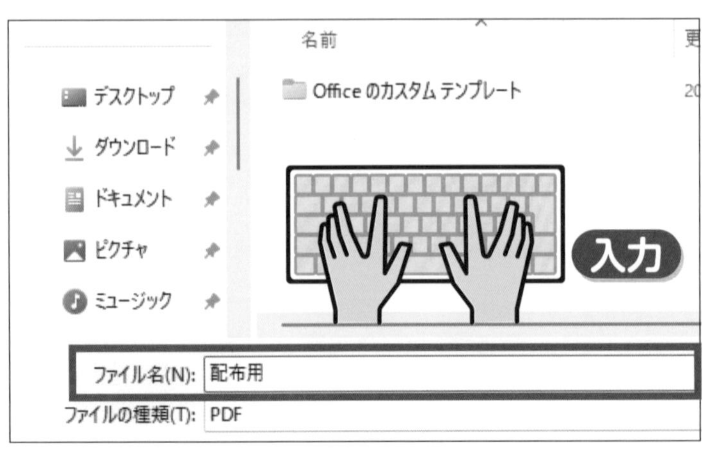

ファイル名(N): に、

ファイルの名前を

入力します。

ポイント

ここでは「配布用」という名前を入力します。

ミュージック

ファイル名(N): 配布用

ファイルの種類(T): PDF

発行後にファイルを開く(E)

最適化: 標準

最小サ

オプシ

発行後にファイルを開く(E) が

選ばれていることを

確認します。

4 PDFファイルが作成されます

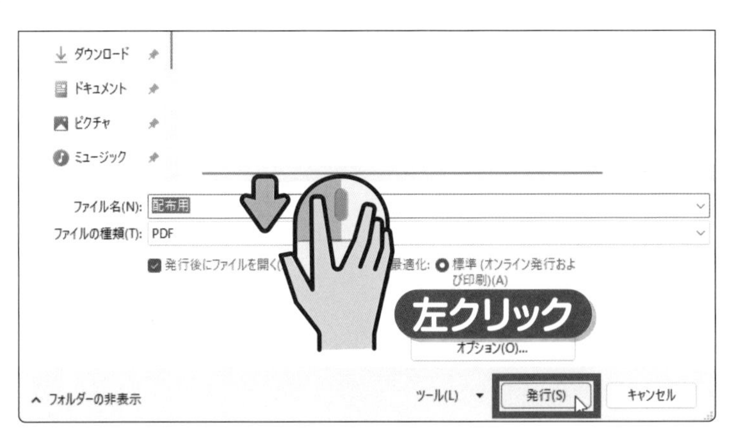

発行(S) を

 **左クリック**します。

PDFファイルが作成されます。

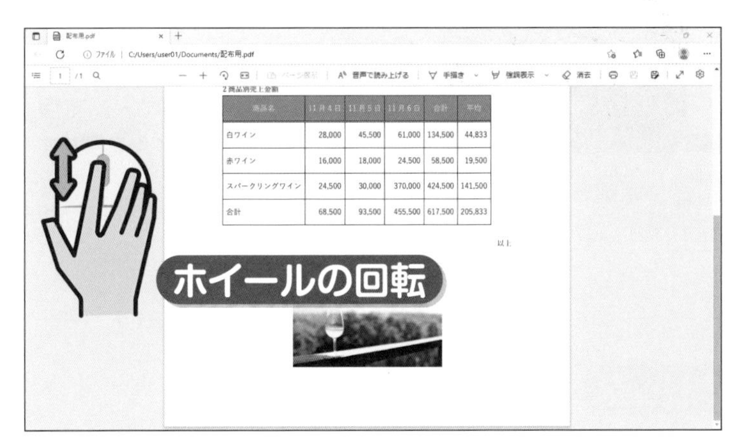

商品名	11月4日	11月5日	11月6日	合計	平均
白ワイン	28,000	45,500	61,000	134,500	44,833
赤ワイン	16,000	18,000	24,500	58,500	19,500
スパークリングワイン	24,500	30,000	370,000	424,500	141,500
合計	68,500	93,500	455,500	617,500	205,833

マウスのホイールを

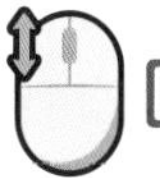 **回転**すると、

文書の下の方が表示されます。

06 » ファイルが見つからない

ファイルを保存した場所を忘れてしまうと、文書や表を開けません。
キーワードを入力して、ファイルを検索してみましょう。

操作

▸P.013

▸P.016

1 検索する準備をします

タスクバーの

を

左クリックします。

ポイント

ここでは、24～26ページで保存した「報告書」ファイルを探します。

2 ファイルを検索します

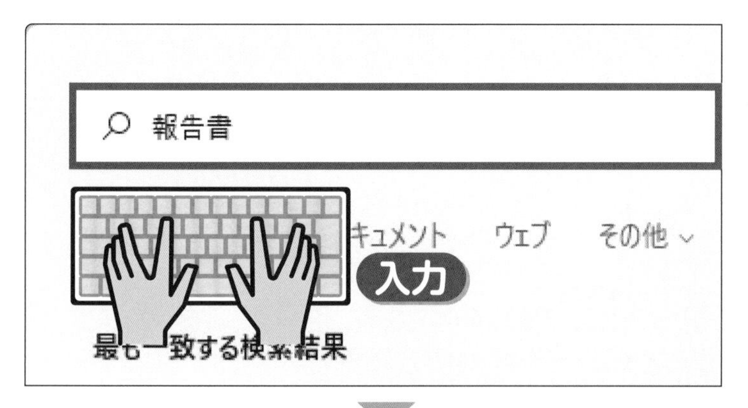

今日は世界竹の日 に、

検索したいファイル名（ここでは「報告書」）を

入力します。

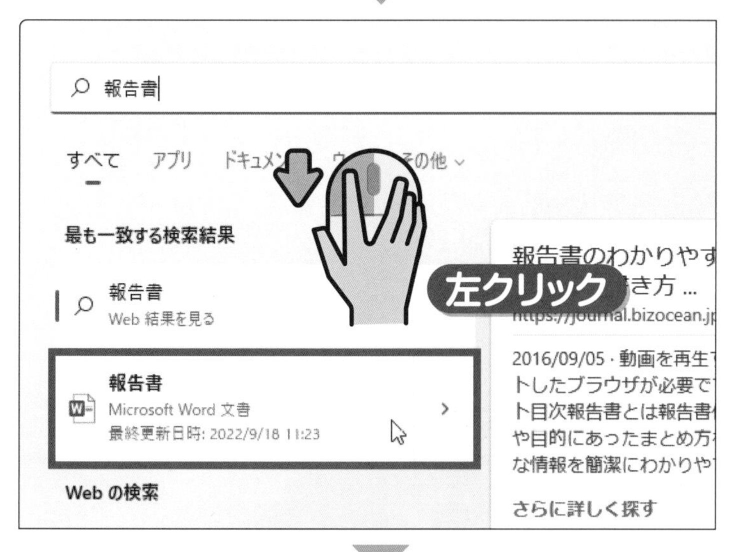

検索結果から、

目的のファイルを

左クリックします。

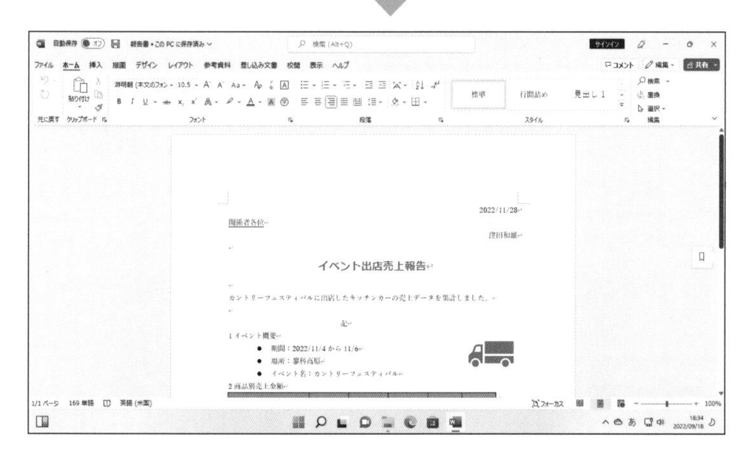

ワードが起動して、「報告書」のファイルが開きます。

サンプルファイルのダウンロードについて

本書では、解説に使用したワードとエクセルのサンプルファイルを提供しています。サンプルファイルは章ごとのフォルダーに分けられ、各節の操作を開始する前の状態で保存されています。
節によっては、サンプルファイルがない場合もあります。
サンプルファイルは、下記の方法でダウンロード・展開して使用してください。

1 ブラウザー（Edgeなど）を起動して下記のアドレスを入力し、ダウンロードページを開きます。

https://gihyo.jp/book/2023/978-4-297-13261-3/support/

サポートページ：今すぐ使えるかん
https://gihyo.jp/book/2023/978-4-297-13261-3/support

2 ［ダウンロード］の［サンプルファイル］を左クリックします。

ダウンロード

本書のサンプルファイルは以下よりダウンロードできます。

サンプルファイルのデータは圧縮ファイル形式（zip）となっているため，ファイルダウンロード後はデスクトップなどに展開してご利用ください。

ダウンロード
サンプルファイル（sample.zip）

左クリック

3 画面右上に表示される、［ファイルを開く］を左クリックします。

4 表示されたフォルダーを左クリックして、[すべて展開]を左クリックします。

5 [参照]を左クリックします。

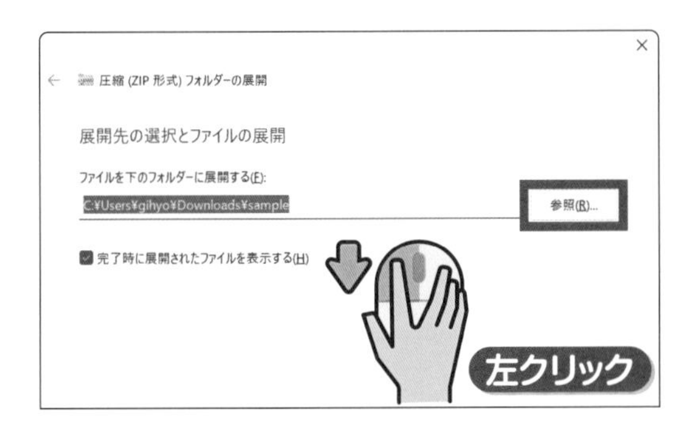

6 [デスクトップ]を左クリックし、[フォルダーの選択]を左クリックします。

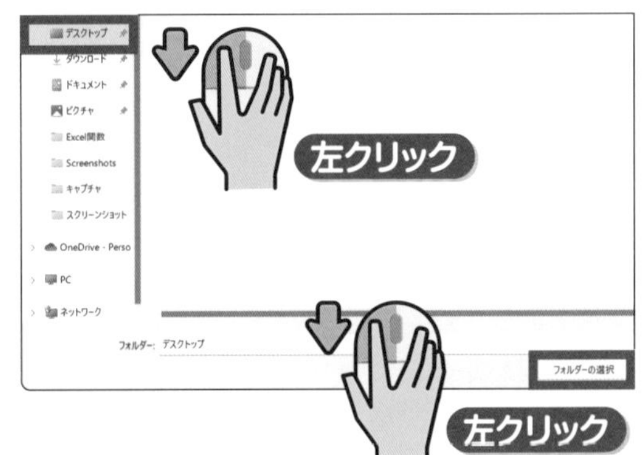

7 [展開]を左クリックすると、デスクトップにサンプルファイルが展開されます。

練習問題解答

第1章　練習問題解答

1 正解 … ❶

ワードを起動するときは、最初に❶の田（スタート）を左クリックします。次に、「すべてのアプリ」を左クリックし、表示されるメニューから「Word」を左クリックします。

2 正解 … ❷

保存したファイルを画面に表示するには、ワードやエクセルのスタート画面で、❷の「開く」を左クリックします。

3 正解 … ❷

ワードやエクセルを終了するには、画面右上にある❷の☒（閉じる）を左クリックします。

第2章　練習問題解答

1 正解 … ❶

英語入力モードと日本語入力モードを切り替えるキーは、❶の（半角/全角）キーです。（半角/全角）キーを押すたびに、英語入力モードと日本語入力モードが交互に切り替わります。

2 正解 … ❸

ひらがなを漢字に変換するには、「読み」を入力してから❸の（スペース）キーを押して変換します。1回目の変換で目的の漢字が表示されないときは、続けて（スペース）キーで変換します。

3 正解 … ❸

上書き保存とは、❸の通り、現在のファイルを最新の状態で更新して保存することです。元のファイルの内容は破棄されます。

第3章　練習問題解答

1 正解 … ❸

文字の大きさや形、色、配置などの書式を変更するには、最初に❸の操作で、書式をつけたい文字を選択します。そのあとで、書式の種類を選びます。

2 正解 … ❶

文字を太字にするには、❶のB（太字）を左クリックします。「B」は英語の「Bold（太字）」の頭文字です。B（太字）を左クリックするごとに、太字の設定と解除が交互に切り替わります。

3 正解…❷

行頭の位置をずらすことを「インデント」と呼びます。❷の（インデントを増やす）を左クリックすると、行頭の位置が右にずれます。反対に❶の（インデントを減らす）を左クリックすると、行頭の位置が左にずれます。

第4章　練習問題解答

1 正解…❶

文書に写真を追加するには、追加したい位置を左クリックしてから、❶の（画像）を左クリックします。

2 正解…❸

アイコンや写真を左クリックすると、まわりに❸のハンドルが表示されます。このハンドルをドラッグすると、アイコンや写真を拡大／縮小できます。

3 正解…❷

文書を印刷するには、最初に❷の「ファイル」タブを左クリックします。続けて、「印刷」を左クリックすると、印刷イメージが表示されます。

第5章　練習問題解答

1 正解…❸

エクセルでは、ファイルのことを❸の「ブック」と呼びます。ブックには、複数のワークシートを集めることができます。

2 正解…❸

ワークシートは、行と列で交差するたくさんのマス目で構成されています。このマス目のことを、❸の「セル」と呼びます。セルの中でも太い枠組みのついたセルを「アクティブセル」と呼び、操作ができるセルであることを示しています。

3 正解…❶

エクセルを起動したあとで、❶の「空白のブック」を左クリックすると、白紙のワークシートが表示されます。

第6章　練習問題解答

1 正解…❸

セルに文字を入力すると、最初は❸の通り、セルの左に詰めて表示されます。ただし、あとからセル内の文字の配置を変更することができます。

2 正解…❶

データをコピーするには、2段階の操作が必要です。❶のように、最初にコピー元のセルを選択して、「ホーム」タブの（コピー）を左クリックします。次に、コピー先のセルを選択して、「ホーム」タブの（貼り付け）を左クリックします。

3 正解…❸

上書き保存とは、❸のボタンを左クリックして、現在のブックを最新の状態で更新して保存することです。もとのブックの内容は破棄されます。

第7章　練習問題解答

1 正解 … ❷

表の列幅を変更するには、❷のように、列幅を変更したい列番号の右側の境界線をドラッグします。

2 正解 … ❷

数値に3ケタごとのカンマをつけるには、❷の［,］（桁区切りスタイル）を左クリックします。

3 正解 … ❷

セルの背景に色をつけるには、「ホーム」タブにある❷の［塗りつぶしの色］（塗りつぶしの色）を左クリックしてから色を選びます。

第8章　練習問題解答

1 正解 … ❸

「ホーム」タブの［罫線］（罫線）の［▾］を左クリックすると、罫線の種類の一覧が表示されます。「格子」の罫線を引くには、❸の「田」の漢字のような絵柄のボタンを使います。

2 正解 … ❷

ワークシートの行全体を選択するには、❷のように目的の行番号を左クリックします。ここでは、5行目全体を選択するので、「5」の行番号を左クリックします。

3 正解 … ❷

行を挿入すると、選択している行の上側に新しい行が追加されます。この画面では7行目を選択しているので、7行目の上側、つまり❷の6行目と7行目の間に新しい行が追加されます。

第9章　練習問題解答

1 正解 … ❷

エクセルで計算式を作るときは、先頭に❷の「=」（イコール）記号を入力するのが決まりです。

2 正解 … ❶

合計を計算するSUM関数は、「ホーム」タブにある❶の［Σ］（合計）を左クリックして入力します。

3 正解 … ❶

D4セルの「=B4+C4」をD5セルにコピーすると、コピーした行に合わせて自動的に行番号が変化します。ここでは、「=B4+C4」が1行分下にずれるため、❶の「=B5+C5」の計算式が入ります。

第10章　練習問題解答

1 正解 … ❷

コピー元のセル範囲を選択してから、❷の［コピー］（コピー）を左クリックすると、コピーしたセル範囲がコピーされて、点線で囲まれます。

2 正解 … ❶

複数のアプリが起動しているときは、タスクバーに起動中にアプリのボタンが表示されます。ここではワードに切り替えたいので、❶のタスクバーにあるワードのボタンを左クリックします。

3 正解 … ❷

コピーしておいたエクセルの表を貼り付けるには、「ホーム」タブを左クリックして、❷の［貼り付け］（貼り付け）を左クリックします。

索引

共通

英字

あ～さ行

た行

は行

ま・ら行

ワード

あ行

か行

さ行

索引

さ行

た・な行

は・ま行

ら・わ行

著者

井上 香緒里（いのうえ かおり）

カバー・本文イラスト

北川 ともあき

本文デザイン

株式会社 リンクアップ

カバーデザイン

田邉 恵里香

DTP

五野上 恵美

編集

大和田 洋平

サポートホームページ

https://book.gihyo.jp/116

問い合わせについて

本書に関するご質問については、本書に記載されている内容に関するもののみとさせていただきます。本書の内容と関係のないご質問につきましては、一切お答えできませんので、あらかじめご了承ください。また、電話でのご質問は受けつけておりませんので、必ずFAXか書面にて下記までお送りください。
なお、ご質問の際には、必ず以下の項目を明記していただきますよう、お願いいたします。

❶ お名前
❷ 返信先の住所またはFAX番号
❸ 書名
❹ 本書の該当ページ
❺ ご使用のOSのバージョン
❻ ご質問内容

● **お問い合わせの例**

FAX

❶ お名前
技術太郎
❷ 返信先の住所またはFAX番号
03-XXXX-XXXX
❸ 書名
今すぐ使えるかんたん
ぜったいデキます！
ワード＆エクセル超入門
［Office 2021／Microsoft 365 両対応］
❹ 本書の該当ページ
182ページ
❺ ご使用のOSのバージョン
Windows 11
❻ ご質問内容
罫線が表示されない。

問い合わせ先

〒162-0846 新宿区市谷左内町21-13
株式会社技術評論社 書籍編集部

「今すぐ使えるかんたん　ぜったいデキます！ ワード&エクセル超入門　［Office 2021／Microsoft 365　両対応］」質問係
FAX.03-3513-6167

なお、ご質問の際に記載いただいた個人情報は、ご質問の返答以外の目的には使用いたしません。また、ご質問の返答後は速やかに破棄させていただきます。

今すぐ使えるかんたん　ぜったいデキます！
ワード&エクセル超入門
［Office 2021／Microsoft 365両対応］

2023年2月8日　初版　第1刷発行

著　者　井上　香緒里
発行者　片岡　巌
発行所　株式会社技術評論社
東京都新宿区市谷左内町21-13
電話　03-3513-6150　販売促進部
03-3513-6160　書籍編集部
印刷／製本　大日本印刷株式会社

定価はカバーに表示してあります。

ISBN978-4-297-13261-3　C3055
Printed in Japan